12396

北京新农村科技服务热线
咨询问答图文精编 V

◎ 罗长寿　孙素芬　主编

U0306380

中国农业科学技术出版社

图书在版编目（CIP）数据

12396北京新农村科技服务热线咨询问答图文精编．Ⅴ／罗长寿，孙素芬主编．—北京：中国农业科学技术出版社，2020.9

ISBN 978-7-5116-4865-5

Ⅰ．①1… Ⅱ．①罗… ②孙… Ⅲ．①农业技术—科技服务—咨询服务—普及读物 Ⅳ．①S-49

中国版本图书馆CIP数据核字（2020）第124135号

责任编辑　徐　毅　褚　怡
责任校对　贾海霞

出 版 者　中国农业科学技术出版社
　　　　　北京市中关村南大街12号　邮编：100081
电　　话　（010）82106631（编辑室）（010）82109702（发行部）
　　　　　（010）82109702（读者服务部）
传　　真　（010）82106631
网　　址　http：//www.castp.cn
经 销 者　各地新华书店
印 刷 者　北京富泰印刷有限责任公司
开　　本　880mm×1 230mm　1/32
印　　张　9.75
字　　数　280千字
版　　次　2020年9月第1版　2020年9月第1次印刷
定　　价　90.00元

《12396北京新农村科技服务热线咨询问答图文精编Ⅴ》

编 委 会

前言

　　"12396 星火科技热线"是国家科技部与工业和信息化部联合建立的星火科技公益服务热线。"12396北京新农村科技服务热线"是由北京市科委农村发展中心与北京市农林科学院联合共建，是面向"三农"开展农业科技信息服务的综合平台。热线有一支由百余名具有丰富理论知识与实践经验的农业专家组成的服务团队，服务内容主要包括蔬菜、果树、食用菌、杂粮、畜禽等方面农业生产问题。自2009年正式开通以来，除在北京市进行服务应用外，同时，还立足京津冀辐射扩展到全国其他30个省、市、自治区，社会经济效益显著，树立了农业科技咨询的"京科惠农"服务品牌。

　　在服务过程中，热线积累了大量来自农业生产一线的技术和实践问题，为更好地发挥这些咨询问题对农业生产的指导作用，编者精选了部分图文和相关问题并在充分尊重专家实际解答的基础上，进行了文字、形式等方面的编

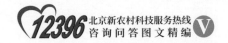

辑加工，使解答尽量简洁、通俗、科学、严谨。本书汇集了蔬菜、果树、花卉、杂粮和畜禽养殖等不同生产门类的图文和相关问题，希望通过这些精选的问题更好地传播知识，为农业生产提供参考与借鉴，更好地发挥农业科技的支撑作用。

本书中涉及的农业生产问题的解答，一般是专家对咨询者提出的问题进行针对性的解答，由于农业生产具有实践的现实性、复杂性，因此，在参考本书中相关解答时，请结合当地的气候、农时和生产实践，不要全盘照搬，不要教条化执行专家解答，这一点请广大读者理解。

本书的主要目的是延续热线的公益性服务作用，通过对农业生产一线遇到的问题进行图文展示，结合专家的详细解答，为用户提供直观的参考。对于提供原始图片的热线服务用户，表示感谢！对于未能标注出处的作者，敬请谅解！对参加"12396 北京新农村科技服务热线"服务的专家以及为本书提供指导的各位专家，表示感谢！没有你们的辛勤劳动，就没有本书的成稿、付梓！

本书撰写受到《科技帮扶资源服务平台建设及低收入精准帮扶示范应用》（Z1911000019003）、《北京市农村远程信息服务工程技术研究中心》《基于深度学习的农业图文问答机器人系统研究应用》（QNJJ201919）等项目资助，特此感谢！

鉴于编者的技术水平有限，文中难免有所纰漏，敬请各位同行和广大读者不吝赐教、批评指正！

作　者

2020 年 6 月

目录
CONTENTS

第一部分 蔬 菜

目录

3

目录

第二部分　果　树

目
录

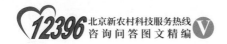

目
录

目
录

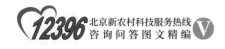
第三部分 粮食作物

目
录

13

第五部分 土 肥

第六部分 食用菌

目
录

第八部分　水　产

第一部分 蔬 菜

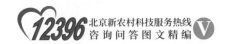

（一）茄果类

 北京市大兴区某同志问：番茄叶子出现了不少褐色斑点，是什么病？怎么防治？

北京市农林科学院植物保护环境保护研究所　研究员　李明远答：

从图片看，症状不是褐色，而是黄色，有点像是叶霉病的初期。如果是叶霉病，可用10%苯醚甲环唑水分散粒剂1 000倍液、40%氟硅唑（福星）乳油10 000倍液防治。

02 北京市平谷区尹先生问：番茄上长小黑绿斑点，是怎么回事？成熟会造成损失吗？

北京市农林科学院蔬菜研究中心　推广研究员　陈春秀答：

从图片看，番茄果面的小绿斑点是果实形成时，棚内湿度过大，造成果皮表面细菌性感染，目前已无大碍。收获时表皮稍有些不平，不会造成损失的。

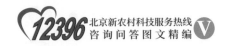

03 山东省网友"海浪"问：番茄叶片上有斑，是怎么回事？

北京市农林科学院植物保护环境保护研究所　研究员　李明远答：

从图片看，是发生了叶霉病。可用氟硅唑（福星）防治。如果下茬还种番茄，应选一个较抗病的品种种植就不发病了。

04 北京市顺义区网友"旧人、旧城、旧回忆"问：番茄畸形果、裂果是怎么回事？

北京市农林科学院植物保护环境保护研究所　研究员　李明远答：

从图片看，是一种生理病害，具体来讲和早期花突然受寒有关，一旦气温正常，就没事了。

蔬菜

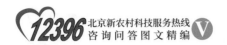
05 北京市顺义区王先生问：番茄底下一层果有损伤，是触伤吗？

北京市农林科学院植物保护环境保护研究所　副研究员　黄金宝答：

从图片看，第一张照片最下面正对着的果实像是擦伤，而其他果实的受伤症状则不是触伤，也不是传染性病害，可能与高温或栽培管理不当有关。

北京市农林科学院植物保护环境保护研究所　副研究员　黄金宝答：

从图片看，应该是发生了条斑病毒病，可能与高温和下雨（或浇水）有关。现在病毒病没有治疗药剂，只能用病毒 A、菌克毒克等药剂防止传染。另外，加强蚜虫的防治，也有利于减缓病毒病的发生。

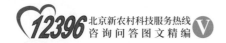

 07　河北省网友"交流合作共赢"问：露天栽在泡沫箱里的番茄茎秆变黑死亡，是什么病？怎么防治？

北京市农林科学院蔬菜研究中心　推广研究员　陈春秀答：

从图片看，番茄发生了晚疫病。主要是因为湿度大，特别是露地番茄，遇到雨水、温度比较高，就很容易发生晚疫病。

解决办法。

（1）选择抗晚疫病的品种。

（2）少施氮肥，多施用钾肥。

（3）在阴天雨后进行喷药用甲霜灵、恶霜灵或50%烯酰吗啉等药剂。

北京市农林科学院植物保护环境保护研究所　副研究员　黄金宝答：

从图片看，这种番茄裂果是由于其花芽分化时遇到低温，造成果肉生长正常而果皮不能正常生长所致。因此，想要预防这种情况发生，应当在番茄幼苗期（一叶一心至三叶一心）尽量避免低温，具体应当不低于8℃。

一

蔬菜

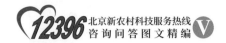

09 山东省网友"山东寿光辣椒"问：番茄裂果是怎么回事？

北京市农林科学院蔬菜研究中心　推广研究员　陈春秀答：

番茄裂果现象有以下几种原因。

（1）与品种有关系。有些品种就易裂果，要选择皮稍微厚些，果肉稍硬些的品种。

（2）与水肥管理有关。膨果期水分过大，或过干都容易裂果。所以，保持土壤湿润，小水勤浇。

（3）与肥料有关。氮肥过多，磷钾肥少，缺钙等都容易引起裂果现象。在追肥时，要注重磷钾肥的施用，进行叶面喷施钙肥。

（4）与病虫害有关。粉虱过多，或黄化曲叶病毒都会引起裂果现象。注意病虫害的防治。

10 山东省"山东嘉祥高贵川 种植户"问：番茄叶片皱缩变小是什么病？怎么防治？

北京市农林科学院植物保护环境保护研究所 研究员 李明远答：

从图片看，是发生了番茄黄化曲叶病毒病。

（1）主要是用抗该病的番茄品种来防治。例如，种京番402等抗该病的品种。

（2）由于该病是由烟粉虱传上的，彻底防治烟粉虱也可以起到防病的作用。即从育苗开始采取一系列的措施，保证它不与番茄接触。因为烟粉虱是番茄的害虫之一，很多地方都用这种方法防治。但是难度较第一种方法大很多。

（3）番茄已经发病，换品种已不可能。如果烟粉虱、病株都不多，可以使用第二种防治烟粉虱的方法。如果做不到，建议将上部的病枝打掉，保留并促进好果，还可以有些产量。

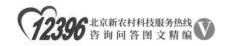

11 北京市密云区网友"雨露密云番茄种植"问：番茄落花、成穗的不坐果，是什么原因造成的？

北京市农林科学院蔬菜研究中心推广研究员 陈春秀答：

（1）番茄落花落果的原因。

① 温度低授粉不良造成落花落果现象，温度低于20℃花粉就不易成活；

② 温度过高也会影响坐果，如温度在35℃以上，就会产生落花落果现象；

③ 光照弱影响坐果。当前已进入冬季，不仅温度变低了，而且光照时间、光照强度也变低了，影响授粉和坐果；

④ 营养生长过旺，或生长势较弱都会影响坐果能力。

（2）建议。

① 注意保温，白天升高温度，保持在25~28℃；

② 人工补助授粉，可用果霉宁等沾花；

③ 注意改善薄膜透光性，清理薄膜上的灰尘，增加透光性；

④ 注意多施钾肥，少施氮肥。

12 江苏省袁先生问：育苗一个半月的番茄苗子叶从下往上黄，是什么原因？

北京市农林科学院蔬菜研究中心　推广研究员　陈春秀答：

从图片看，可能产生的原因如下。

（1）番茄苗在生长过程中，浇水过大，根系发育不好，造成吸收养分差。

（2）缺乏营养。当一叶一心时，应该及时补充营养液，一般1周1次。建议用户补充营养液，早定植。

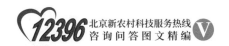
13 山西省张先生问：番茄果柄位置有 1 个大黑病斑，是什么病？怎么防治？

北京市农林科学院植物保护环境保护研究所　副研究员　黄金宝答：

这是典型的番茄早疫病侵染果实的症状，大部分真菌药剂都可以防治，如甲基托布津、多菌灵等，但效果较好的可用异菌脲、普力克、吡唑醚菌酯等。

14 山西省张女士问：温室里番茄顶部叶子内卷，中下部叶片正常，是怎么回事？

北京市农林科学院蔬菜研究中心　研究员　张宝海答：

这种现象生产上时常能够见到，番茄上部的一些叶片，有时翻卷严重，有时莫名其妙的萎蔫，一般是一至几片小叶，下部的叶片正常。叶片的翻卷现象和番茄根系强大，吸水能力强、土壤水分充足有关，这是番茄的一种生理反应。一般寒冷的季节容易发生，大型的连栋的加温温室也有发生，对番茄的生长影响不明显，应该没有太大的问题，春季天气暖和后可自然恢复。

一

蔬菜

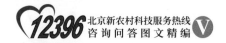

15 北京市某同志问：番茄如何科学施肥？

北京市农林科学院植物营养与资源研究所　助理研究员　左强
答：

科学施肥是内容很广、又比较复杂的问题，如何实现科学施肥，需要掌握三方面的知识。

（1）要了解施肥对象——作物，根据作物的营养特性与需肥规律来施肥。

（2）要考虑土壤是施肥的载体，根据种植土壤的性质（如保水保肥性、通气透水性、吸附性和酸碱性等性质）和肥料性质（各种养分的形态、含量以及养分转化相关的性质）进行施肥管理。

（3）要考虑肥料是作物增产的物质基础，有机肥料和化学肥料是两类性质不同的肥料，两者配合施用，可以起到培肥改土、增进肥效的作用。

此外，还应掌握施肥的基本理论与技术，减少盲目性，提高科学施肥水平。

针对番茄而言，施肥时应当注意如下几点。

第一，番茄的营养特性。番茄生长期长，一般边采收边结果，所有养分需求量较大，一般每生产 1 000kg 番茄果实需吸收氮（N）2.1~2.7kg、磷（P_2O_5）0.5~0.8kg、钾（K_2O）4.3~4.8kg。对钾的需求量特别大，是喜钾作物。番茄在不同生育时期对各种养分的吸收比例及数量不同。氮素幼苗期约占其需氮总量的 10%，开花坐果期约占 40%，结果盛期约占 50%。在生育前期对氮、磷的吸收量虽不及后期，但因前期根系吸收能力较弱，所以，对肥力水平要求很高，氮、磷不足不仅抑制前期生长发育，而且它对后期的影响也难以靠再施肥来弥补。当第一穗果坐果时，对氮、钾需要量迅速增加，到果实膨大期，需钾量更大。番茄对磷的需要量比氮、钾少，磷可促进根系发育，提早花器分化，加速果实生长与成熟，提高果实含糖量，在第一穗果长至核桃大小时，对磷的吸收量较多，其中，90%以上存在于果实中。番茄所需的养分中，钾的数量最大，钾对植株发育、水分吸收、体内物质的合成、运转及果实形成、着色和品质的提高具有重要作用，缺钾则植株抗病力弱，果实品质下降，钾肥过多，会导致根系老化，妨碍茎叶的发育。此外，缺钙可引起番茄脐腐病，应注意补施。

第二，番茄施肥特点。番茄植株为无限生长类型——边现蕾、边开花、边结果，因此，在生产上注意调节好植株营养生长与生殖生长的矛盾。营养生长期在有充足的氮磷营养，进行生殖生长期后，对钾的需求量剧增，对氮的需要量略减，应适当增施钾肥，促进果实膨大，有利于提高产量和改善品质。

此外，番茄的专用肥一般很少生产，施肥时，底肥主要施入优质有机肥与平衡型的复合肥，有条件可施入生物菌肥，主要起改良土壤提高地力的作用。追肥可根据生育期配施高氮型或高钾型水溶肥料，一般随水少量多次地冲施，生长发育的关键阶段可增施一些含有腐殖酸类、氨基酸类等功能型肥料，冲施或叶面喷施，促进生根，并提高抗逆能力。

一

蔬
菜

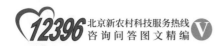
16 北京市门头沟区网友"睡梦中的你"问：辣椒发黄，长势不好，是怎么回事？

北京市农林科学院蔬菜研究中心　研究员　司亚平答：

从图片看，是根系发育不好导致植株缺乏营养，长势差。建议松土后进行施肥浇水，间苗。

17 北京市延庆区农技员问：辣椒叶上有不规则病斑，是什么病？怎么防治？

北京市农林科学院植物保护环境保护研究所　副研究员　黄金宝答：

从图片看，应该是发生了辣椒病毒病。由于病毒病没有治疗药剂，只能用菌克毒克等病毒药剂防止传染。杀死蚜虫和减少人为接触传播，对防治病毒病有很好的效果。

一

蔬菜

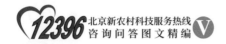

18 湖北省宜昌市施女士问：辣椒整株死，发现根有空心、烂了，发展很快，是什么问题？

北京市农林科学院植物保护环境保护研究所　研究员　李明远答：

从图片看，有可能是辣椒疫病。症状不十分典型，典型的症状一般是病部发黑。辣椒疫病的用药和防治霜霉病的农药相同，如地上部使用克露、烯酰吗啉等农药喷雾。如有茎部发黑腐烂，可用氟吗锰锌、移栽灵，一般用药倍数为2 000倍液。

北京市网友"文艳"问：辣椒果实表面粗糙，是什么问题？怎么防治？

北京市农林科学院植物保护环境保护研究所　研究员　李明远答：

从图片看，是由茶黄螨为害所致。

茶黄螨是一种极小的螨虫，用肉眼很难看清虫体。多半当其为害植株表现出症状后，才引起注意。

这种虫子只在幼嫩的地方为害，受害的当时，不易发现。而能发现为害状的地方，虫子多已转移，所以，较难诊断。

但是只要确诊是其为害，防治起来则比较容易。即在早期喷洒几次杀螨剂（如阿维菌素、哒螨灵、虫螨腈、联苯肼酯等），虫害即能够得到控制。

一

蔬
菜

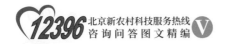

20 广西壮族自治区南宁市　辣椒种植户问：辣椒果实发白，是什么问题？打什么药？

北京市农林科学院植物保护环境保护研究所　研究员　李明远答：

从图片看，如果没长白霉，判断像是日灼病，即是天气突然转晴后太阳晒的。因此，不用打药，辣椒植株适应了强光照天气以后，就会逐渐好起来。

21 北京市东城区网友"时空＠传奇"问：香瓜茄叶子上有黄色粉状物，开花坐不了果，是病毒病吗？

北京市农林科学院植物保护环境保护研究所　研究员　李明远答：

从图片看，有点像病毒病，但是更像是叶螨为害所致，需要进行鉴别。可以拿一张白纸，将几张病叶在上面拍打几下，如果有叶螨，就能看到拍下来的极小的虫子爬来爬去，那就是叶螨。如发现叶螨，则及时使用阿维菌素等药剂进行防治。

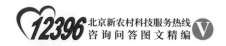

22 北京市顺义区网友"充"问：茄子如何进行储藏？

北京市农林科学院蔬菜研究中心　研究员　张宝海答：

种植时可选择耐贮存的品种，储藏容易。有的品种皮硬蜡质厚，货架期就长；荷兰的茄子品种一般货架期长，但有的地区喜欢吃皮薄品质嫩的茄子，这样的茄子就不易贮存，尤其在天气热，空气干燥的情况下更不易贮存；春夏季茄子收获要在早晨温度低的时候收获，然后放到阴凉、湿润的地方，可以延长贮存期；有冷库条件的，可以放在恒温库中贮存，贮存温度8~10℃，相对湿度90%以上，可以延长茄子的贮存时间。

23 北京市韩先生问：茄子表皮粗糙变色，是怎么回事？怎么防治？

北京市农林科学院植物保护环境保护研究所　研究员　李明远答：

从图片看，茄子是茶黄螨的为害晚期。茶黄螨是一种螨类，虫体很小，又多在植株的幼嫩部分为害，所以，较难在有症状的地方找到虫子。使用杀螨剂进行防治就会杀死害虫，但已受害的部分不会转好。一般使用的药剂为 1.8% 阿维菌素乳油 1 500 倍液，每 7 天喷施 1 次，连续用 3 次，即可有效地控制。

一　蔬菜

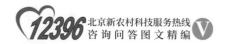
（二）瓜 类

01 云南省网友"云南有机蔬菜，陈"问：黄瓜叶片上有黄点，是怎么回事？

北京市农林科学院植物保护环境保护研究所　研究员　李明远答：

从图片看，是发生了蓟马，是一种只有 3mm 长的小虫子，肉眼不易观察到。一般使用吡虫啉、噻虫嗪、阿维菌素、乙基多杀菌素等农药进行防治。

辽宁省喀左县闫先生问：黄瓜的一天需水量是多少？

北京市农林科学院蔬菜研究中心　推广研究员　陈春秀答：

黄瓜每天需水量根据土壤、气候和栽培方式的不同，其需水规律和需水量也有所不同。一般情况下，无土栽培冬季每亩耗水量在 2~2.5t，夏季需 3t 左右。

一

蔬
菜

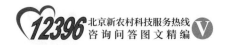
03 辽宁省喀左县闫先生问：全棚黄瓜有一半果柄很长，是怎么回事？

北京市农林科学院蔬菜研究中心　推广研究员　陈春秀答：

　　从图片看，瓜柄长的原因一般与品种有关，也可能是由于夜晚温度过高、根瓜水浇得过早、氮肥过多等原因造成的。

04 江苏省网友"大雁"问：黄瓜叶子背面有黑毛毛，是什么问题？用什么药？

北京市农林科学院植物保护环境保护研究所　副研究员　黄金宝答：

从图片看，是发生了霜霉病。防治黄瓜霜霉病，应加强棚室管理，尽量降低"明水"产生，可用烯酰吗啉、克露、普力克、吡唑醚菌酯等药防治；但强调一点，就是一定要在晴天上午打药，药后提温后再放风。

一

蔬菜

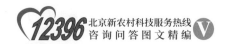

05 黑龙江省网友"天晴"问：黄瓜叶片出现黄斑，底下叶片先得病，往上发展，是什么病？

北京市农林科学院植物保护环境保护研究所　研究员　李明远答：

从图片看，黄瓜叶片上的病害是角斑病，一种细菌病害。可使用农用链霉素或铜制剂来防治。

06 山东省网友"寿光蔬菜种植"问：黄瓜瓜条粗缩，花不正常，是怎么回事？

北京市农林科学院植物保护环境保护研究所　副研究员　黄金宝答：

从图片看，不是病害，像是受到激素（如坐瓜灵等）刺激或育苗时低温为害造成的。应当加强棚室管理，合理、正确使用植物激素。

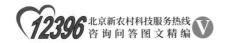

福建省网友"福建~清"问：黄瓜叶片上有白色粉状霉，是怎么回事？

北京市农林科学院植物保护环境保护研究所　副研究员　黄金宝答：

从图片看，是发生了黄瓜白粉病，可用凯润（吡唑醚菌酯）、乙霉酚、卡拉生（硝苯菌酯）、露娜森（氟唑菌酰胺·肟菌酯）、健达（吡唑醚菌酯·氟唑菌酰胺）等药防治，使用说明书上指导防治的最高浓度，间隔期5~7天，连防3~4次。同时，棚室采用变温管理，在打药、浇水等农事操作后，关闭风口，将棚温提高6~8℃再放风，风口从小到大，若上下午各2次，不仅有利于增加植株抗逆性，更有利于优质高产。

08 北京市房山区丁先生问：黄瓜叶片上有弯弯曲曲的线，是线虫吗？怎么防治？

北京市农林科学院植物保护环境保护研究所　副研究员　黄金宝答：

从图片看，是发生了斑潜蝇为害，叶子上的线状斑是斑潜蝇幼虫为害造成的虫道，不是线虫。防治斑潜蝇，使用阿维菌素最有效，防治时间尽量在早晨太阳似出未出时和下午太阳似落未落时防治效果更佳。

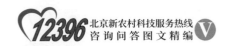
09 北京市门头沟区史先生问：黄瓜突然死亡，是怎么回事？

北京市农林科学院蔬菜研究中心　推广研究员　陈春秀答：

（1）露地黄瓜造成突然死亡的原因如下。

① 在气温过高的同时，土壤温度也高，在这种情况下浇水，就会突然引起植株根际缺氧而窒息，而且还会引起茎基腐病的发生；

② 如果露地黄瓜，在气温高的情况下，突然下雨，也会引起同样的状况发生。

（2）建议。

① 浇水选择早晚气温低的时候进行浇水；

② 在降雨后，黄瓜要用清水浇一遍，浇水后，要进行中耕、松土，有利于补充氧气。

10 江苏省赵先生问：黄瓜叶片上有星星点点的黄斑，是什么病？怎么防治？

北京市农林科学院植物保护环境保护研究所　研究员　李明远答：

从图片看，确实是黄斑，应当是黄瓜棒孢叶斑病。如果发生的不多，可将叶片摘掉、销毁。然后使用咪酰胺或苯醚甲环唑防治，7~10天防治1次，一般防治3次。

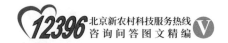
 11 山东省烟台市王先生问：黄瓜新叶有皱缩，是怎么回事？

北京市农林科学院植物保护环境保护研究所 研究员 李明远答：

从图片看，有 2 种可能，一是发生了茶黄螨，可将嫩叶在解剖镜下观察一下，如果确有极小的螨虫和特异性的卵，就是茶黄螨所致。可使用 1.8% 阿维菌素乳油 1 500 倍液防治。但是如果见不到虫子，即可能是缺铜，可使用吗啉胍铜或 1：1：500 的波尔多液试试。二是可能发生了药害。若怀疑是打农药造成的药害，可喷清水进行缓解。

12 山东省寿光市网友"寿光蔬菜种植"问：黄瓜半米高的时候中过药害，长着长着就没头了，怎么办？

北京市农林科学院蔬菜研究中心　推广研究员　陈春秀答：

药害是使植株生长受到一定抑制，但用户的问题与环境也有关系。

出现药害后，一定要及时采取措施，降低药害损失，可以及时喷水，稀释植物着药的浓度，减少叶片吸收；也可及时打些生物调节剂，如碧护，降解农药作用。

环境因素：没有生长点原因不只是药害问题，还有管理温度问题。这是夜间温度低造成花打顶现象，使生长点受到抑制，应采取如下措施。

（1）提高棚内温度，夜温保持在 15~18℃。

（2）把靠近生长点的雌花全部去掉。

（3）及时追肥。

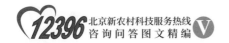

13 内蒙古自治区网友"鹰"问：阳台上种植的黄瓜晚上浇水，中午萎蔫，是怎么回事？

北京市农林科学院蔬菜研究中心　研究员　张宝海答：

可能是阳台光照条件太好，晴天的时候，光照强，蒸腾量大，需要的水分可能超出植株根系供应，因而萎蔫。如果总是光照强的时候萎蔫，估计是浇的水量不够，由于水量不足，而且水只在土壤表面，中午蒸发量大时，黄瓜于是出现了保护性反应。对瓜苗应当浇大水，要让水渗到容器底部，容易保持土壤水量充足，不要浇浮水，一次就浇透，如果担心存水，可以箱子下边接近地面打孔，水多就会渗出来，因此，不用担心水量过多的问题。

14 山西省网友"PAJK"问：甜瓜还没熟叶子就干了，是怎么回事?

北京市农林科学院蔬菜研究中心　研究员　张宝海答：

　　从图片看，瓜地好像让水泡过，是发生了涝害所致，秧子也发生了病毒病。甜瓜生长期管理上一定要细致些，瓜类作物既不能旱也不能涝。

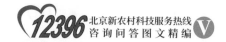

山东省网友"蔬菜求学"问：甜瓜叶片像被烫了一样，靠近南部的叶片比较严重，是怎么回事？

北京市农林科学院蔬菜研究中心　推广研究员　陈春秀答：

根据描述的情况及照片情况可以判断，由于此前连阴天，棚内湿度比较大，晴天后温度升高比较快，阳光充足，在这种情况下，靠近温室前部植株离薄膜近，失水快，强光照射造成了叶片灼伤严重。在这种天气情况下，要注意根据温度上升情况逐渐放风，不要让温度升高过快；中午阳光过强时，还要适当遮阴，待适应强光后，进行正常管理。

16 甘肃省网友"兰馨静"问：甜瓜苗茎基部萎蔫，叶子变黄后慢慢死去，是怎么回事？

北京市农林科学院植物保护环境保护研究所　副研究员　黄金宝答：

原因是穴盘不平造成的浇水不均匀。要看看叶片打蔫的苗子是在湿的地方还是干的地方，如果长青苔的地方蔫的多，看看目前是不是干了，如果不干还不能多浇水。可以倒倒盘，少浇些水。倒盘就是换位置，放平。

如发现猝倒病，可用72%普力克水剂1 000~1 500倍液灌根并喷雾防治。

一

蔬
菜

17 内蒙古自治区网友"巴彦淖尔市葵花之乡"问：羊角蜜甜瓜的种植技术要点有哪些？

北京市农林科学院蔬菜研究中心　推广研究员　陈春秀答：

羊角蜜也是薄皮甜瓜的一种。栽培要点如下。

（1）育苗的苗龄在 25~30 天。

（2）定植密度（立架栽培）1 500~1 800 株。

（3）留瓜与整枝。单蔓整枝。留瓜：在 5 片叶以上开始留侧枝，侧枝（子蔓）上出现瓜，开花后进行授粉，授粉后，瓜前面留一个叶片，打顶。连续留 3 个瓜，以后再长出的侧枝及时去掉，这是第一批瓜。如果长势比较好，还可以留第二批瓜，在第一批瓜膨大后，开始留第二批瓜，也就是第一批瓜最后一个瓜 8 片叶后，开始留侧枝，连续留 2 个侧枝，可以再结两个瓜。到整个植株有 35 片叶，进行封顶，即闷尖。

（4）施肥灌水。定植时，浇 1 次定植水；甩蔓时，浇 1 次水，如果授粉前，土壤比较干，再浇 1 次水，进入授粉。授粉结束后，浇膨果水，结合进行施肥，每亩施用钾肥 15kg，氮肥 5kg。果实大小固定后，再浇 1 次水、施 1 次肥，以钾肥为主，每亩高钾肥 15kg。

（5）温度湿度管理。授粉期温度保持在 25~28℃，膨果期温度 30℃左右。注意放风，降低湿度，减少病害发生。

18 甘肃省兰女士问：香瓜栽苗的穴里有红蜘蛛，打药后叶面出现药害，怎样挽救？

北京市农林科学院植物保护环境保护研究所　研究员　李明远答：

一般刚打完药后发现药浓度过高，要及时喷淋清水来稀释，会有些作用，一旦发现药害，就来不及了。只能等植株慢慢地长出新叶替换它。在新叶长出后喷点叶面肥，促进它恢复。

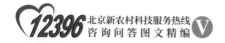

19 重庆市网友"剑"问：西瓜茎变为褐色是怎么回事？

北京市农林科学院植物保护环境保护研究所　副研究员　黄金宝答：

从图片看，像是发生了炭疽病或疫病，需经过培养或镜检进行确定。可用苯醚甲环唑、多抗霉素等药防治，对于图中的病斑，可将药剂调成糊状，涂抹在病患处。

20 北京市大兴区贾先生问：西瓜白粉病很严重，用什么方法防治？

北京市农林科学院植物保护环境保护研究所　研究员　李明远答：

瓜类白粉病可以在相同或不同的瓜类间互相传播和为害，防治起来难度较大。特别是大家都使用同一二种农药防治的时候，时间一长，即会产生抗药性，导致效果下降。因此，一旦发现防治不住的情况时，采用更换农药的方法，往往比较有效。

目前可替换使用的农药较多。包括腈菌唑、戊唑醇、己唑醇、十三吗啉等，如果可买到，换换农药试试，往往会得到较好的效果。有时甚至将以前使用过的农药再拿回使用，防治效果会有些提高。例如，使用三唑酮、世高、氟吗·锰锌、百菌清等，防治效果都比单一用某种常用的农药防效度好。可在使用高效农药时加入一些保护剂，如代森锰锌、百菌清、硫悬浮剂都会减少抗药性的形成。另外，防治要早，等已经发病严重了往往会增加防治的难度。

一

蔬
菜

21 江苏省赵先生问：西瓜有点烂根，没看到毛细根，是怎么回事？

北京市农林科学院植物保护环境保护研究所　研究员　李明远答：

从图片看，植株叶螨十分严重，致使叶片制造营养的能力下降，从而导致叶片变黄。要抓紧将叶螨控制下去，植株就会逐渐地缓过来了。图片中根上没有见到根结，可以排除是根结线虫病造成。

22 陕西省大荔县网友"小帖陕西大荔"问：西瓜根部有疙瘩，叶片发蔫，大叶片有的枯萎，是怎么回事？

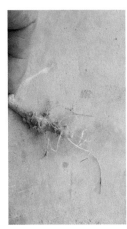

北京市农林科学院植物保护环境保护研究所　副研究员　黄金宝答：

从图片看，应该是根结线虫为害。防治根结线虫，除了高温闷棚和冻垡外，还可以用以下方法。

（1）用噻唑膦（福气多）、阿维菌素等颗粒剂，在定植前，按使用剂量，均匀撒在定植穴中，与土壤混匀后立即定植。

（2）用阿维菌素等水乳剂，在定植后，按使用剂量立即喷根。已发生根结线虫，可用噻唑膦、阿维菌素等药剂灌根防治。

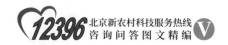
23 北京市大兴区网友"大兴–种植–庞"问：南瓜苗播种后 5~6 天子叶不长，是什么原因？

北京市农林科学院蔬菜研究中心　推广研究员　陈春秀答：

从照片看，子叶不长原因如下。

（1）土温低，根系发育不好，影响心叶发育。

（2）营养钵内土壤湿度过大，也造成根系发育不良，心叶也不容易生长。

（3）气温低，也不易生长。

（4）种子如果保存时间过长，也会影响心叶发育。

北京市农林科学院植物保护环境保护研究所　研究员　李明远答：

从图片看，像是发生了霜霉病，如果在叶背面有霉层，则肯定是霜霉病。

可使用防治黄瓜霜霉病的农药进行防治，例如，使用克露（霜脲锰锌）等农药防治。

一

蔬
菜

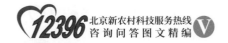
25 山东省赵女士问：西葫芦浇水多，从花开始出现烂瓜现象，怎么防治？

北京市农林科学院蔬菜研究中心　研究员　张宝海答：

从图片看，西葫芦由于浇水不当，引起了营养生长过旺，从而造成果实黄化。下边的果实离地面近，湿度也大，在花瓣凋谢的过程中很容易受到病菌侵害导致果实也发生病害。应该加大放风量，把下边的叶子和腐烂的果实摘掉，或打掉一部分叶子，促进生殖生长。西葫芦需要授粉，人工授粉或昆虫授粉都可以。如果是露地栽培，利用昆虫自然授粉即可。

北京市海淀区网友"小辉"问：小葫芦怎么掐尖儿？

北京市农林科学院蔬菜研究中心　研究员　司亚平答：

葫芦掐尖即打尖，就是把蔓上的生长点摘除。葫芦打尖主要看植株长势，主蔓一般长到 50~70cm 时进行打尖，侧枝 30cm 左右进行打尖，开花后在花前留 4~5 个叶片打尖（摘心）。

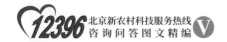

（三）其他蔬菜

 河北省张家口市蔚县李先生问：白菜叶片上出现黄色枯斑，背面有霉，是什么病？怎么防治？

北京市农林科学院植物保护环境保护研究所 研究员 李明远答：

从图片看，应该是发生了霜霉病，可用的农药较多，如百菌清、代森锰锌、甲霜灵、霜脲锰锌、乙磷锰锌等都有效。

北京市延庆区网友"福气冲天"问：白菜叶片上大量被虫子咬的孔，怎么防治？

北京市农林科学院植物保护环境保护研究所　研究员　李明远答：

有可能是黄条跳甲为害造成的，有时鳞翅目害虫也会有这种为害状。关键是要找到虫子，有助于确诊。黄条跳甲可以用阿克泰（噻虫嗪）进行防治，鳞翅目的害虫可用的农药较多，如阿维菌素，虫螨腈等。

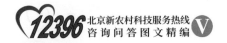
03 山东省济宁市王先生问：防治大白菜上的小白蛾有什么特效药？

北京市农林科学院植物保护环境保护研究所　研究员　李明远答：

小白蛾应该是白粉虱，少的时候不用管它，过些天天凉了，虫子就下去了。也可以使用药剂防治，使用阿维菌素、含阿维菌素的复配农药、啶虫脒、螺虫乙酯等都可以。

04 江苏省网友"江苏省～海鸥"问：油菜烂根后死了，怎么回事？

北京市农林科学院植物保护环境保护研究所　研究员　李明远答：

从图片看，像是白菜软腐病。农户管理上太粗放，田间杂草较多，不通风、湿度大，基部叶片得不到阳光，油菜组织比较柔嫩，易发病。如果是老菜地，软腐菌多，必然易发病。不过当前除草反而容易造成伤口，促进病菌蔓延。应早点收获，以后注意田间管理。

一

蔬菜

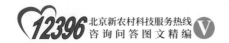

 河北省网友"河北农业郭"问：甘蓝叶子黄，黄的地方还烂，是什么问题？打什么药？

北京市农林科学院植物保护环境保护研究所　副研究员　黄金宝答：

从图片上看，是发生了黑腐病、褐斑病等病害的复合侵染，可用抗生素如多抗霉素、多氧霉素等进行防治，要真菌、细菌病害兼治，真菌性病害可用苯醚甲环唑、吡唑醚菌酯等防治，细菌性病害可用农药可杀得进行防治。用户种植甘蓝的季节不适合，也是造成发生病害的原因。

江苏省网友"江苏省～海鸥"问：芹菜长得细，想晚上市，能打矮壮素吗？

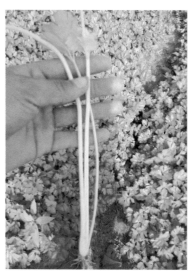

北京市农林科学院蔬菜研究中心　研究员　张宝海答：

芹菜叶柄的粗细和品种有关系，可选择种植相对敦实的品种。本芹没有西芹敦实，西芹品种中还有更敦实和叶柄深绿的品种。播种时密度小一些，有利于叶柄粗壮。喷施矮壮素理论上是可以的，可以试试，喷的时期和浓度非常重要，还要注意当时的温度条件等。

蔬菜

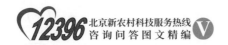

江苏省网友"江苏省～海鸥"问：棚头的青菜发黄是什么原因？

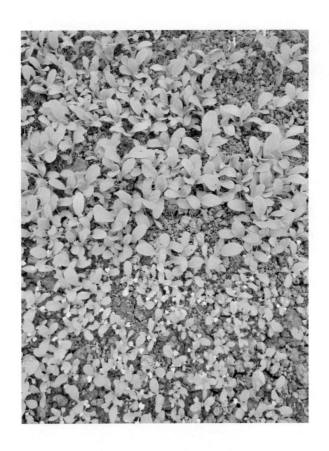

北京市农林科学院植物保护环境保护研究所　副研究员　黄金宝答：

从图片看，应当是生理性病害，可能与地整的不平或棚室水肥管理等有关。

江苏省网友"江苏省～海鸥"问：芹菜这么高可以浇水施肥吗？浇水会不会倒伏？

北京市农林科学院蔬菜研究中心　研究员　张宝海答：

芹菜种植要求长期保持土壤湿润。小香芹由于种植很密，后期容易发生倒伏。所以，后期浇水要慎重，如果用小喷灌浇水，可能更容易倒伏，如果采用漫灌方法，水量不要过大。如果快要收获了，看土壤湿度情况，可以不浇水。从图片看田间不是太密，植株不算太高，可以浇水。种植时稀一些、播种时镇压得重一些，后期温度控制得低一些有利于防止倒伏。

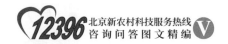

09 北京市房山区尹先生问：芹菜斑潜蝇发生严重，用什么有机农药可以预防？

北京市农林科学院植物保护环境保护研究所　副研究员　黄金宝答：

可选用生物农药0.2%阿维虫清乳油（齐螨素）1 500倍液和25%灭幼脲三号悬浮剂1 000倍液，2种药剂轮换使用，防虫效果可达95%以上。应先将发生严重的叶片打掉，减少虫基数再用药，效果才更好。

10 北京市网友"丰收"问：生菜茎秆腐烂，里面是黑色的，是什么病？怎么防治？

北京市农林科学院植物保护环境保护研究所　研究员　李明远答：

从图片看，可能是褐腐病，可用 50% 多菌灵可湿性粉剂 500 倍液灌根或用喷雾器去掉喷头的旋水板喷根。

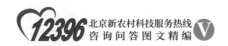

宁夏回族自治区网友"宁夏吉致源农业"问：苦菊在生长期叶尖缘出现干枯现象，是什么病？怎么办？

北京市农林科学院蔬菜研究中心　推广研究员　陈春秀答：

从图片看，顶部叶片有病斑，是湿度大引起的叶霉病和霜霉病。

防治措施

（1）及时通风，降低湿度。

（2）药剂防治。定期喷扑海因、叶霉净、抑霉威，72.2%普力克水剂600倍液，或90%疫霜灵可湿性粉剂500倍液，或58%甲霜锰锌可湿性粉剂500倍液，或72%克露可湿性粉剂700倍液。

12 河北省代先生问：生菜叶片边缘干枯是怎么回事？

北京市农林科学院植物保护环境保护研究所　研究员　李明远答：

从第一张图片看，这片生菜是疏于管理，地里的杂草夺走了大部分营养，地又干旱，所以，长成了这个样子。建议除草、施肥、浇水，力争挽回些产量。

蔬菜

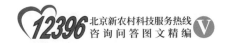

13 北京市王女士问：韭菜叶出现虫蛀的痕迹，怎么防治？

北京市农林科学院蔬菜研究中心　研究员　张宝海答：

从图片看，应该是葱须鳞蛾为害，没看到钻心的幼虫。冬季一般不发生，于当地成虫盛发期和幼虫为害期，分别喷施80%敌百虫可溶性粉剂、或50%辛硫磷、或50%马拉硫磷乳油1 000倍液，或21%灭杀毙乳油6 000倍液、或2.5%溴氰菊酯、或20%氰戊菊酯3 000倍液。

河南省袁先生问：茼蒿叶子上有霉斑，是什么病？怎么防治？

北京市农林科学院植物保护环境保护研究所　研究员　李明远答：

从图片看，是茼蒿霜霉病。

防治方法

可用霜脲锰锌（克露）1 000 倍液进行防治，一般每周1次，连续防治2~3次。此外，要适当控水、通风降湿。如茼蒿达到收获的标准，应当早点收获。此外，应将摘下的病叶集中销毁，以免再传染。

一

蔬菜

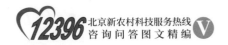

15 广西壮族自治区网友"广西靖西"问：山豆一直长不高，不冒新芽和根是怎么回事？

北京市农林科学院蔬菜研究中心　研究员　司亚平答：

从图上看，山豆根系发育不好的原因有以下几点。

（1）土壤长时间过干或过湿。

（2）过度施肥使得土壤盐分太高。

（3）土壤黏重，气体含量少影响了根系的呼吸作用。

（4）土壤的酸碱度不适。

（5）土壤温度低。请用户对照回忆一下前期管理情况，找找原因。

16 河北省某先生问：山药打什么有膨大的作用？

北京市农林科学院杂交小麦工程技术研究中心　高级农艺师
单福华答：

打膨大素可以提高山药的产量。"膨大素"有含激素和不含激
素 2 种类型，建议使用不含激素，只含有氨基酸全价营养型的"地
下块茎膨大素"。这样生产出的山药，产量高，品质优，售价高，
利润大。具体需要去当地植保站咨询下。

也可以在 7—8 月，离山药 16~22cm 施适量的硫酸钾肥，8 月
下旬喷磷酸二氢钾，可以使山药加速膨大，提高产量，增加效益。

一

蔬
菜

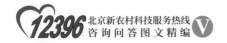

17 浙江省网友"丽水～西米露"问：空心菜叶上有褐色圆
点，是什么病害？

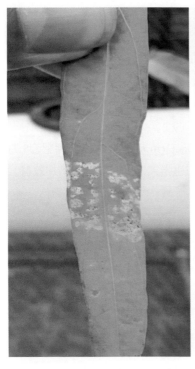 

北京市农林科学院蔬菜研究中心　研究员　司亚平答：

从图片看，是发生了褐斑病，可喷洒可杀得、普力克或多菌灵控制病害蔓延。

18 广东省网友"胡萝卜，大葱种植"问：大葱锈病怎么防治？

北京市农林科学院植物保护环境保护研究所　研究员　李明远答：

防治大葱锈病的有效农药较多，包括多菌灵、三唑酮（粉锈宁）、苯醚甲环唑（世高）、啶氧菌酯（阿砣），可根据各地病菌的抗药性情况和经济条件选择。需要注意的是，葱叶上的蜡质层较厚，又多是直立，不容易粘药，用药时应当加黏着剂，如加1/1 000的洗洁精。

一
蔬菜

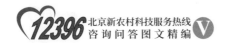
19 湖北省网友"天乐妈"问：莴苣茎上出现裂口是为
什么？

北京市农林科学院植物保护环境保护研究所　研究员　李明
远答：

　　莴苣裂口一般是水分管理的问题，特别是前期水大后期干旱，
容易出裂口。为防止裂口一般在刚有笋后，就要注意浇水，不使土
壤过于干旱。另外，有的病毒病也会引起裂口，但裂得不严重。

北京市农林科学院蔬菜研究中心　推广研究员　陈春秀答：

从图片看，菜花是用了大量农药，心叶出现了严重的药害。如果出现药害后，没有用碧护及叶面肥等进行缓解，那么，只能等长出新的叶片才能改善这种情况。

一

蔬

菜

山西省应县蔬菜种植户问：架豆豆荚梗上有白霉，叶子有病斑，是什么病？怎么防治？

北京市农林科学院植物保护环境保护研究所　研究员　李明远答：

从第一张图片看，像是发生了菜豆菌核病。不过由于天气较热，并不适合这种病害发生，因此，病害发生情况不会很严重。

防治菌核病首先要清除病残，可使用的农药和防治灰霉病的相同，如腐霉利、乙烯菌核利、嘧霉胺、咯菌腈等都比较有效。

22 山东省网友"老海大棚蔬菜"问：芸豆想要控旺且不影响花和豆荚，用什么药？

北京市农林科学院蔬菜研究中心　推广研究员　陈春秀答：

豆角不能用药剂来控制生长过旺的植株。可以采取少浇水、降低温度、加强通风的措施来控制营养生长。

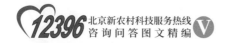

23 广西壮族自治区梁先生问：豌豆烂种怎么办？

北京市农林科学院蔬菜研究中心　研究员　张宝海答：

生产豌豆苗，用麻豌豆最不容易烂，选用当年的发芽率高的豆种，浸种的时间不要过长，6小时左右就可以。每天需用清水冲洗2次，温度不要太高，加大通风降温。

江苏省南通市袁先生问：豇豆秧子在分支三角处上病，怎么防治？

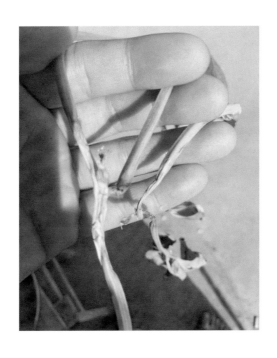

北京市农林科学院植物保护环境保护研究所　研究员　李明远答：

从图片看，像是侵染性病害，不太确定病害具体种类。从症状上看像是菌核病，但是此时天气已比较热，不适合该病发生。如果是早期发生的，有可能留下症状，可以剥开茎，看看里面是否有菌核。也不能排除是细菌病害所致，因此，建议使用可杀得（对细菌和真菌性病害都具有作用）防治一下，避免大量的传播，以观后效。

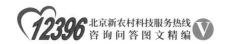

25 江苏省网友"江苏省~海鸥"问：天气越来越热（28℃），油麦菜怕起薹，用打矮壮素吗？

北京市农林科学院蔬菜研究中心　推广研究员　陈春秀答：

　　种植的油麦菜不需要打矮壮素，只要加大通风就问题不大。白天温度高些，不会影响太大，需要夜间将底风口也打开，降低夜温，这样就可以控制生长过旺问题了。

第二部分　果　树

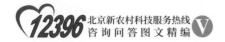

（一）苹　果

北京市海淀区王先生问：苹果树叶子上有黑色小虫子是什么虫子？怎么防治？

北京市农林科学院植物保护环境保护研究所　高级农艺师　徐筲答：

从图片看，是苹果锈线菊蚜。

防治措施

喷 10% 吡虫啉 3 000 倍液加有机硅 3 000 倍液，苹果花芽吐红时为喷药适宜期。如果发生不太严重，可以利用瓢虫、草蛉等自然天敌控制其为害。

02 山东省网友"烟台苹果～李先生"问：从大田移栽 3 年生苹果树盆栽，花盆多大合适，有形状和材质要求吗？

北京市林业果树科学研究院　研究员　鲁韧强答：

盆栽苹果树，移栽树的土球大小，应是干粗的 7~10 倍。最好是 9 月预先断一下根，以树干为中心，干粗的 3~4 倍为半径画圆断根，使根系长出较多细根，春季在断根处向外扩 10cm 修土球，带土球移栽至花盆中。高水平的盆栽苹果树，不是把树栽入盆中就算完事，需要根据每棵树的基础形状，整治成盆景的形状，需要拉枝、造型等技术，经几年功夫才能成功。

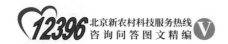

03 北京市顺义区石先生问：苹果在成熟后落果是什么原因？

北京市林业果树科学研究院　研究员　鲁韧强答：

苹果的采前落果属于生理落果，也与品种特性有关。果实在生长期靠种胚产生的生长素，调运营养和刺激果柄离层细胞生长。但果实成熟时种子也成熟了，产生的生长素也随之减少，果柄基部细胞开始萎缩产生离层，造成采前落果。品种之间落果差异很大，多数品种落果极轻，只有个别品种采前落果严重。

04 北京市海淀区网友"百旺～小贾"问：苹果果实上有很多红点，是什么病？怎么防治？

北京市农林科学院植物保护环境保护研究所 高级农艺师徐筠答：

从图片看，像是苹果红点病。

苹果红点病是苹果摘袋后，最容易发生的一种病，严重影响苹果表光，降低果品商品性。

苹果红点病，在袋子里面基本不发生，一旦摘袋以后就大面积发生。据报道该病病原来源于空气、枝条或者叶片；经病原鉴定，苹果的红点病来源于叶片上的斑点落叶病病菌。

防治措施

摘袋后 2~3 天，全园喷施辛菌胺 + 多抗霉素。注意苹果摘袋后，尽量不要喷施乳油、粉剂、悬浮剂等油性剂型的农药，很容易污染果面，推荐用水剂、水乳剂等水性剂型。

二

果树

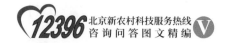
05 北京市海淀区网友"百旺～小贾"问：苹果落叶病很严重，造成二次发芽和开花，怎么办？

北京市农林科学院植物保护环境保护研究所　高级农艺师　徐筠答：

从图片看，苹果斑点落叶病非常严重，9月初就落叶如此严重，而且还有二次开花，肯定对明年产量影响很大。

防治措施

（1）农业防治。及时中耕锄草，疏除过密枝条，增进通风透光，注意拉枝，开张角度。每年麦收前后注意防治叶螨。每年8月下旬至9月上旬增施有机肥，提高抗病能力。落叶后清洁果园，扫除落叶。

（2）药剂防治。重点保护春梢叶，根据春季降水情况，从落花后10～15天开始喷药，喷洒3～5次，每次间隔15～20天。秋梢生长初期6月底至7月初喷1次。效果较好的药剂有：1.5%多抗霉素水剂300倍液，10%多氧霉素1 000～1 500倍液，4%农抗120果树专用型600～800倍液，以上3种药属生物制药，对果树真菌性病害具有治疗效果，是发展绿色有机农业的首选绿色农药，多年使用病菌无抗性。

（3）当前这种情况已经无回天之力，现在可采取抓紧施肥、拉枝、清除落叶，待健康树落叶后加强修剪等措施进行补救。

06 网友"杨先生"问：苹果树叶子枯黄是得了什么病？怎样防治？

北京市林业果树科学研究院　研究员　鲁韧强答：

从图片上看，新定植苹果苗的问题主要是干旱引起，苗生长势弱根系不发达，在高温下老叶枯焦和新梢叶发黄。可以每株距树干20cm 开 1 个 10cm 深环沟，施 50g 尿素，覆土后充足灌水，促进新梢生长，叶片也会转绿。雨后可喷多菌灵防叶斑病。

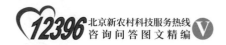

（二）梨　树

 北京市平谷区张先生问：防治梨小食心虫，分散的零散
桃园使用糖醋液和性诱剂哪个效果好？

北京市农林科学院植物保护环境保护研究所　高级农艺师
徐筠答：

分散的零散桃园防治梨小食心虫，还是性诱剂效果好。昆虫性
诱剂具有其他任何测报手段无法比拟的优点。昆虫性诱剂由于它的
活性好、专一性强、不伤天敌、诱蛾量大、蛾峰明显、对成虫数量
变动反应敏感等特点，能客观反映成虫消长规律。从而起到准确测
报虫情的作用，及时、准确防治梨小食心虫于蛀桃梢和蛀果之前。

山东省寿光市网友"山东 寿光 辣椒"问：梨叶是什么病？怎么防治？

北京市农林科学院植物保护环境保护研究所　高级农艺师徐筠答：

从发来的梨树叶图片看，是发生了锈病，也称赤星病。

防治措施

（1）果园5 000 m以内不能种植桧柏。

（2）果园周围如果有桧柏，早春在桧柏上喷2~3波美度石硫合剂或者100~160倍波尔多液1~2次。

（3）果树上，在花前或花后喷1次25%粉锈宁3 000~4 000倍液效果很好。

（4）发病喷1次25%粉锈宁3 000~4 000倍液可以控制病情，但是目前已经发病，只能控制病情发展，不能解决病状了。

二

果
树

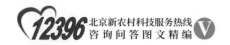

03 江苏省网友"推介特色紫桃"问：大果水晶梨果实不平整，是什么原因？

北京市林业果树科学研究院　研究员　鲁韧强答：

从图片看，果面不平整有纵沟。这种现象在日韩梨系中较常见，这种果形扁且有纵沟的梨是低序位果的表征。在疏果时要选留3~4序位果，果高桩且无纵沟。不看序位可看果柄留果，果柄又粗又长的果实果个大，果柄又粗又短的果实果扁且有纵沟。显然，用户在定果时，生产果不考虑序位，只选大的留，低序位开花授粉早，因而幼果偏大，这种果成熟时果个较小、扁，易有纵沟。

04 河南省濮阳市杨先生问：梨树幼苗被虫子啃食，该打什么药？行里种有红薯，是否影响？

北京市农林科学院植物保护环境保护研究所　高级农艺师徐筠答：

从图片看，是由于发生了金龟子为害导致。

防治措施

（1）刚发芽的小树苗应给整树套纸袋，等害虫为害期过后再拆袋。

（2）设黑光灯诱杀成虫。由专人负责天黑后开灯，凌晨 4：00 前后关灯和收集杀灭金龟子。

（3）挂糖醋瓶诱杀。按红糖 0.5 份、食醋 1 份、白酒 0.2 份、

二

果

树

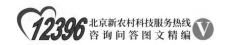
水 10 份的比例混匀制成糖醋液。每亩挂 5~10 个装有 100g 左右糖醋液的罐头瓶，金龟子觅食糖醋液时即被淹死。隔 3~5 天更换 1 次新液，再行诱杀。

（4）利用害虫的忌避性，将收集到的金龟子成虫捣烂，放在适量的水中浸泡密闭发酵，待其发出恶臭味时过滤，加入石灰多量式波尔多液中喷布树体，每 50kg 波尔多液约需金龟子成虫 150 只，可起忌避作用，防止金龟子的为害。

（5）地面喷药，控制潜土成虫，常用 5% 辛硫磷颗粒剂，45kg/hm² 撒施，使用后及时浅耙，或在树穴下喷 40% 乐斯本乳油 300~500 倍液。

（6）树上喷雾防治。常用 2.5% 敌杀死 3 000 倍液、50% 辛硫磷 1 000 倍液 + 有机硅 3 000 倍液。

（7）地里种红薯地面喷药可能比较困难，可采用上述介绍的其他几种防治方法。

05 山东省孟先生问：梨树叶子上面有很多橙色斑点，如何防治？

北京市农林科学院植物保护环境保护研究所　高级农艺师　徐筠答：

从图片看，发生了 2 种病害，橙色斑点的为梨锈病。叶片上深褐色圆斑且正反两面侵染是梨黑斑病。

1.梨锈病

梨锈病病菌在松、柏组织中越冬。春季 3 月间随风雨侵入梨树的嫩叶、新梢、幼果上。梨树展叶 20 天之内最易受侵染。

防治措施

（1）果园 5 000 m 范围内不能种植松、柏等寄主植物。

（2）早春在果园周围的松、柏上喷 2~3 波美度石硫合剂或者 100~160 倍波尔多液 1~2 次。

（3）在梨树萌芽至展叶后 25 天内施药保护梨树。第一次用药掌握在梨树萌芽时期进行，喷 1 : 2 : 240 波尔多液，每 10 天喷药 1 次，连续 2 次。若雨水多，应在花前喷 1 次，花后喷 1~2 次

二　果树

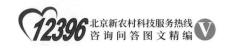

25% 三唑酮（粉锈宁）粉剂或乳剂 3 000~4 000 倍液效果很好。

现在果实已受侵染，喷 1 次 25% 粉锈宁 3 000~4 000 倍液可以控制病情，但是不能解决病状了。

2. 梨黑斑病

梨黑斑病是由交链属真菌引起，是日韩梨、雪花梨上的一种常见病害。从近几年引进的新品种来看，黄金、圆黄、大果水晶发病较重，而绿宝石、黄冠较轻。为害叶片和果实。北方果区 5 月中下旬开始发病，7—8 月为发病盛期。一般在秋季发病较多，高温、高湿、降水多而早的年份发病早且重。

防治措施

把春梢叶片病害作为防治重点。

（1）农业防治。及时中耕锄草，疏除过密枝条，增进通风透光。落叶后清洁果园，扫除落叶。

（2）药剂防治。重点保护春梢叶，秋梢叶片只需在生长初期控制，用药太多不可取。可选择的药剂有：3% 多抗霉素水剂 300~500 倍液 + 有机硅 3 000 倍液，10% 多氧霉素 1 000~1 500 倍液 + 有机硅 3 000 倍液，4% 农抗 120 果树专用型 600~800 倍液 + 有机硅 3 000 倍液，5% 扑海因可湿性粉剂 1 000 倍液 + 有机硅 3 000 倍液。

（3）喷药时期。这些农药应以多抗霉素为主，其他药交替使用。第一次落花后立即喷药，第二次在 5 月中旬，第三次在秋梢生长初期的 6 月底或 7 月初。

（4）喷保护剂。6 月晴天喷 1：3：240 式波尔多液 2 遍，间隔 15~20 天。7 月继续晴天喷保护剂 1：3：240 式波尔多液 1~2 遍，间隔 15~20 天。雨季可树上喷施 1~2 遍杀菌剂，以 1.5% 多抗霉素 300~500 倍液为主，交替使用其他杀菌剂。

06 北京市李先生问：玉露香梨幼果上有黑色斑点或条状，果实表层受害，靠近路边较高处受害严重，是怎么回事？

北京市农林科学院植物保护环境保护研究所　高级农艺师　徐筠答：

从图片看，可能是蝽象为害所致，另外，从叶片上观察到有黑斑病。

防治措施

（1）蝽象及时用杀虫剂喷杀。

（2）梨黑斑病是交链属真菌，是日韩梨、雪花梨上的一种常见病害。从近几年引进的新品种来看，黄金、圆黄、大果水晶发病较重，而绿宝石、黄冠较轻。为害叶片和果实。北方果区 5 月中下旬开始发病，7—8 月为发病盛期。一般在秋季发病较多，高温、高湿、降水多而早的年份发病早且重。

把春梢叶片病害作为防治重点。

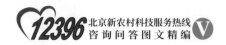
① 农业防治：及时中耕锄草，疏除过密枝条，增进通风透光。落叶后清洁果园，扫除落叶。

② 药剂防治：重点保护春梢叶，秋梢叶片只需在生长初期控制，用药太多不可取。可选择的药剂有：3% 多抗霉素水剂 300~500 倍液 + 有机硅 3 000 倍液，10% 多氧霉素 1 000~1 500 倍液 + 有机硅 3 000 倍液，4% 农抗 120 果树专用型 600~800 倍液 + 有机硅 3 000 倍液，5% 扑海因可湿性粉剂 1 000 倍液 + 有机硅 3 000 倍液。

③ 喷药时期：这些农药应以多抗霉素为主，其他药交替使用。第一次落花后立即喷药，第二次在 5 月中旬，第三次在秋梢生长初期的 6 月底或 7 月初。

④ 喷保护剂：6 月晴天喷 1∶3∶240 式波尔多液 2 遍，间隔 15~20 天。7 月继续晴天喷保护剂 1∶3∶240 式波尔多液 1~2 遍，间隔 15~20 天。雨季可树上喷施 1~2 遍杀菌剂，以 1.5% 多抗霉素 300~500 倍液为主，交替使用其他杀菌剂。

07

山东省寿光市网友"山东 寿光 辣椒"问：梨树叶子发黄是怎么回事？

北京市林业果树科学研究院　研究员　鲁韧强答：

从图片看，梨树枝叶表现出的是严重的缺锌、缺铁症。缺锌从树体的高枝头表现为小叶簇生、黄化，俗称小叶病；缺铁从树体的新叶表现，先发黄后白，而后开始叶子枯焦！缺锌要在萌芽前进行补充，一旦长出叶片没法矫正。缺铁可以在树干上打孔注射或喷EDTA铁、柠檬酸铁等，注意一定是螯合铁才有效。

二

果树

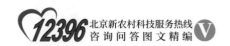
08 北京市海淀区种植户问：白梨幼树枝叶扭曲是怎么回事？

北京市林业果树科学研究院　研究员　鲁韧强答：

从图片看，幼梨树的新梢和叶片弯曲，有皱缩的现象，不像是病虫为害，更像是喷施多效唑或唑类杀菌剂对新梢和幼叶产生的抑制表象。可观察一段时间，看其是否能恢复。

09 湖北省某先生问：梨黑星病怎么防治？

北京市农林科学院植物保护环境保护研究所　高级农艺师　徐
筠答：

防治时期

北京地区对梨黑星病多年严重发生的京白梨、鸭梨、酥梨等感
病品种，在花序分离期，5 月上中旬乌码子形成期，6 月底至 7 月
初，7 月中下旬各喷药 1 次。梨黑星病发生轻的果园，可以只在 5
月上中旬乌码子形成期，6 月底至 7 月初，7 月中下旬各喷药 1 次。
注意药剂交替使用，喷保护剂也很重要。

防治药剂

（1）40% 福星乳油 8 000~10 000 倍液。

（2）10% 世高水分散粒剂 5 000 倍液。

（3）40% 腈菌唑可湿性粉剂 8 000~10 000 倍液。

（4）62.5% 仙生可湿性粉剂 600 倍液。以上药剂可加有机硅
3 000 倍液。

（5）6 月下旬至 8 月中旬，晴天喷保护剂 1：3：240 式波尔
多液 3~4 遍，间隔 15~20 天。下雨可换喷杀菌剂。

二

果

树

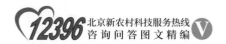
（三）桃、李、杏

 北京市大兴区网友"吝啬鬼"问：桃树树势非常弱，为什么？

北京市林业果树科学研究院　研究员　鲁韧强答：

从图片看，这棵桃树新梢叶片小而窄，有缺锌的表现。

治理措施

可在树冠边缘开环状沟，施 250g 尿素加 100g 硫酸锌，沟深 15cm，施后覆土并灌水。以后结合防病虫喷药加 0.3% 尿素和 0.2% 硫酸锌进行矫正。

02 湖北省网友"千波"问：湖北省近期雨水较多，桃果大量腐烂，是怎么回事?

北京市农林科学院植物保护环境保护研究所　高级农艺师徐筠答：

从图片看，是桃树软腐病。

防治措施

（1）农业防治。

加强果园管理，每年 8 月下旬增施沤熟的有机肥和磷、钾、钙肥，适时浇水，减少裂果和病虫损伤，雨季注意排水。

（2）药剂防治。

花前、落花后 7 天各喷 1 次杀菌剂。可选择的药剂有 65% 代森锌可湿粉剂 500 倍液；75% 百菌清 800 倍液；50% 速克灵 1 000 倍液。

注意防治越冬代梨小食心虫，认真剪除折梢并销毁，做好测报，药剂防治第一代及以后各代成虫及卵。

二

果

树

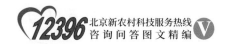
03 浙江省杭州市张先生问：桃果上有红斑是怎么回事？

北京市农林科学院植物保护环境保护研究所　高级农艺师
徐筠答：

从图片看，像是桃树炭疽病。

防治措施

（1）加强栽培管理，增施有机肥，尽量避免偏施氮肥。桃树生长期应施以磷酸二氢钾。雨后及时排水，合理修剪，改善树体通风透光条件。

（2）秋冬季修剪时造成的大于 3cm 的伤口，在其横切面处涂抹油漆。

（3）化学防治。萌芽前喷 3~5 波美度石硫合剂。于花前和花后分别用 10% 世高 800~1 000 倍液，80% 代森锰锌 600~800 倍液，70% 甲基托布津 800 倍液交替喷施 2 次。用药时最好加上有机硅3 000 倍液，每隔 10 天喷 1 次，即可收到很好的效果。

04 江苏省网友"推介特色紫桃"问：紫桃桃尖上有凝固的桃胶，是什么原因造成的？要不要防治？

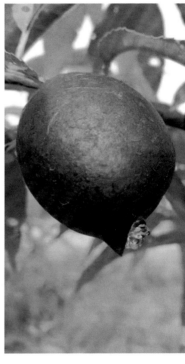

北京市林业果树科学研究院　研究员　鲁韧强答：

一般情况下，桃果有流胶是有虫眼伤口造成的流胶。从图片看，一是果尖和缝合线处有流胶，则可能是有微小的裂口或雌蕊脱落的痕迹处是薄弱点。二是紫肉桃本身就含果胶较多，更易显现流胶。注意喷杀虫剂防梨小食心虫等害虫，同时，结合喷药可补充钙素，防止桃果软尖和缝合线裂口。

05 北京市平谷区谭先生问：桃树叶子发黄，是缺营养还是
怎么回事？

北京市农林科学院植物保护环境保护研究所　高级农艺师
徐筠答：

根据图片分析，判断是桃树发生缺铁症和褐斑病。

（1）桃树缺铁矫治方法。

① 秋施有机肥。果树缺铁不完全是因为土壤中铁含量不足。
由于土壤结构不良也限制了根系对铁的吸收利用。因此，在矫治缺
铁时首先要增施有机肥来改良土壤，以提高土壤中铁的可利用性。

② 在秋施基肥的同时，每株土壤直接施入硫酸亚铁 0.5kg，掺入畜粪 20kg，叶面喷施 0.3% 硫酸亚铁水溶液或螯合铁（柠檬酸铁）水溶液，每间隔半个月喷施 1 次，共喷施 3~4 次，效果较好。

（2）桃树褐斑病防治措施。

① 用药是主要的防治手段，在发病期用药，多用药不可取。可选择的药剂有：1.5% 多抗霉素 300~500 倍液，对果树褐斑病防效好，多年连续使用病菌无抗性产生，是发展绿色有机农业的首选绿色农药。可选择交替使用的药剂有：10% 多氧霉素（宝丽安）1 000~1 500 倍液、5% 扑海因可湿性粉剂 1 000 倍液、70% 安泰生 600 倍液、75% 达科宁 600 倍液、80% 大生 600 倍液。

② 最佳喷药时期：把防治春梢叶片病害作为防治重点。第一次在落花后立即喷（如花前有中雨或雨后立即喷），第二次在 5 月 15—20 日喷。

③ 加强栽培管理，增强树势，提高树体抗病力。加强修剪，注意通风透光。

④ 清洁果园，扫除落叶，消灭越冬病原。

二

果

树

06 北京市平谷区网友"北京平谷幸福"问：桃果上有青灰色的点，是什么病？怎么防治？

北京市农林科学院植物保护环境保护研究所　高级农艺师徐筠答：

从图片看，像是轻微的煤污病。煤污病分为寄生性和腐生性两类。

寄生性煤污病是一种真菌，在果皮表面产生棕褐色或深褐色至乌黑色的污斑，边缘不明显，果面上的煤污是病菌的菌丝层。

腐生性煤污菌主要以蚧虫、蚜虫、粉虱等昆虫排出的蜜露或寄主叶片本身的分泌物为营养来源，症状初期，表面生黑色片状的菌丝霉斑，似黏附一层煤烟，煤烟能抹除，后期，霉层上散生许多黑色小粒点或刚毛状凸起。

寄生性和腐生性煤污病病状都是黑色，在生产上容易误以为是同一种病原引起的。因此，必须正确判断这两种病害，才能对症防治。

防治措施

（1）修剪过密枝条，雨季及时排除积水，注意施肥，增强树势，冬季剪除病害枝条。

（2）寄生性煤污病在 7 月上、中、下旬，各喷 1 次百菌清或甲基托布津等。

（3）腐生性煤污病的防治重点要做好蚜虫、介壳虫等害虫的防治工作，清除发病条件。

二

果

树

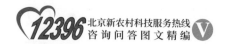

北京市延庆区网友"延庆区 国"问：10 多棵桃树叶子上全是孔，是什么病？打什么药？

北京市农林科学院植物保护环境保护研究所　高级农艺师徐筠答：

从图片看，应该是发生了桃细菌性穿孔病。

防治措施

（1）加强桃树的综合管理，重视增施有机肥（8 月下旬是施有机肥最佳时期），增强树势，对黏重土壤尤其要多施马粪或其他有机肥或施 GM 生物菌肥，配使硫酸钾复合肥，以利改善土壤。

（2）合理修剪，及时剪除病枝，虫枝，集中烧毁深埋，彻底消灭初侵染的病菌来源。

（3）控制浇水次数和浇水量，小水勤浇。

（4）喷药防治。桃细菌性穿孔病可用新植霉素 3 500 倍液 + 农用有机硅 3 000 倍液在发病初期进行喷雾。一般每隔 15 天喷 1 次，共喷 3 次。

08

云南省普洱市网友"云南～普洱～老山羊"问：桃树出现梨小食心虫了，怎样防治？

北京市农林科学院植物保护环境保护研究所　高级农艺师徐筠答：

桃树已经被梨小食心虫钻蛀的，对该代虫子进行防治意义不大，但必须做好防治下一代的工作，具体措施如下。

（1）测报。现在可以在桃园放置梨小性诱芯测报下一代成虫高峰期时喷药。药剂使用25%灭幼脲2 000倍液＋有机硅3 000倍液。

（2）迷向法。在桃园挂梨小迷向丝，信息素释放量3~5g/亩·年，相当于3 000个诱芯或1千万头雌虫。在成虫羽化前1周（监测用诱捕器诱到第一头雄虫），悬挂于果树树冠的中上部，在树冠上部和下部同时悬挂的效果最佳。每棵树1~2根，每亩用量60~80根，在坡度较高和主风方向加倍悬挂。迷向散发器的防治有效期为2.5~3个月，悬挂第二批时不需摘除原有信息素迷向散发器。

（3）第二年注意及时剪除被害新梢，早做测报，适时防治。

二

果树

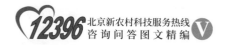
09 北京市大兴区网友"吝啬鬼"问：桃树卷叶是怎么回事？

北京市林业果树科学研究院　研究员　鲁韧强答：

从图片看，高温多雨季节易造成桃梢旺长，而水多又会造成土壤板结不透气，削弱了根系的吸收功能，减弱了根系对铁、硼元素的吸收。缺铁会造成新叶片发黄，缺硼则新叶片反卷。可对有症状的树下浅翻松土透气，增强根系吸收活力，并结合病虫防治加喷螯合铁、硼元素矫正。

10 四川省成都市网友"成都～桃～王氏垅耕"问：李子裂开，是什么问题？

北京市农林科学院植物保护环境保护研究所　高级农艺师徐筠答：

从图片看，李果裂口一般是日灼伤害果皮后，果皮组织栓化失去活力，当果实膨大时栓化果皮失去分裂能力被胀裂。如果不是日灼伤，则可能是连阴雨某种病害损伤了果皮，同样造成果皮木栓化，与果实膨大不协调而产生裂果。

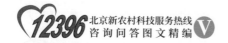
11 北京市海淀区李先生问：李子树叶有凹陷的病斑，是什么病？怎么防治？

北京市农林科学院植物保护环境保护研究所　高级农艺师　徐筠答：

从图片看，是李子红点病。

防治措施

（1）加强果园管理。低洼积水地注意排水，降低湿度。冬季彻底清除病叶、病果，集中深埋或烧毁。

（2）药剂防治。萌芽前喷 5 波美度石硫合剂，展叶后喷 0.3~0.5 波美度石硫合剂；开花后（5 月中下旬）和发病前喷 1∶1∶160 式波尔多液。也可在花后 7~10 天喷杀菌剂。可选药剂有 65% 代森锌 400~500 倍液、50% 甲基硫菌灵 700 倍液、25% 苯菌灵 800 倍液，每隔 10 天喷 1 次，共喷 2~3 次。

北京市房山区丁先生问：李子树叶片有很多破洞，是怎么回事？

北京市农林科学院植物保护环境保护研究所　高级农艺师　徐筠答：

从图片看，李子树有 2 个问题，一是树叶上的破洞是因为苹小卷叶蛾为害所致；二是发生了山楂叶螨。

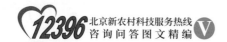
防治措施

（1）苹小卷叶蛾。

防治苹小卷叶蛾越冬幼虫出蛰期防治是关键。花前、花后喷施2遍药剂可控制全年为害。

① 当寄主果树花芽开始萌动时，幼虫即开始出蛰活动取食。当桃、李树达到花芽膨大后期，苹果树达到花序分离期，幼虫绝大部分皆已出蛰，但尚未卷叶时是防治的极有利时期。可喷25%灭幼脲三号1 500倍液，或20%杀灭菊酯乳油4 000倍液。

② 落花后7~10天，喷25%灭幼脲三号1 500倍液，或20%杀灭菊酯乳油4 000倍液。以上药剂加有机硅3 000倍液防效好。

（2）山楂叶螨。

药剂防治可选择杀螨剂。麦收前防治，可选择15%哒螨灵乳油3 000倍液、20%螨死净胶悬剂2 000~3 000倍液、15%扫螨净乳油2 000倍液、25%三唑锡2 000倍液、5%尼索朗乳油2 000倍液等。防治指标：平均每叶2头，喷1~2遍可控制危害。杀螨剂注要交替使用。注意：杀螨剂选择可杀螨卵的药剂，如哒螨灵、三唑锡、尼索朗等。叶背喷药要细致、周到。

13 北京市顺义区某先生问：李子果实上有黑色的虫眼、落果，是怎么回事？

北京市农林科学院植物保护环境保护研究所　高级农艺师徐筠答：

李子果实上有黑色的虫眼、落果，可能是李小食心虫为害所致。

防治措施

（1）土壤处理。根据李小食心虫的越冬习性，应以树下防治为主，树上防治为辅。可在4月中旬越冬幼虫即将化蛹时和5月上旬喷杀虫剂做地面处理。每亩75%辛硫磷乳油0.5kg左右，或90%敌百虫500倍液、2.5%溴氰菊酯乳油8 000倍液，喷后用耙子混土。

（2）树上喷药。利用昆虫性外激素诱芯进行测报，方法简单易行，灵敏度高。将市售橡胶头为载体的李小食心虫诱芯或梨小食心虫诱芯悬挂在一直径约20cm的水盆上方，诱芯距水面2cm，盆内盛清水加少许洗衣粉。然后将水盆诱捕器挂在果园里，距地面1.5m高。自4月上旬起，每日或隔日记录盆中所诱雄蛾数量，即可统计出蛾（成虫）高峰。一般蛾高峰后1~3日，便是卵盛期的开始，马上安排喷药，在蛾高峰期喷25%灭幼脲1 500~2 000倍液。李小食心虫、梨小食心虫昆虫性诱芯在中国科学院动物所、淘宝网有售，或到当地植保站购买。

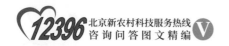

14 北京市密云区农技员问：李子幼果期出现斑点，膨大期后看不到，是什么问题？

北京市林业果树科学研究院　研究员　鲁韧强答：

从图片上李子幼果的斑点看，不是病害是药害。分析可能是由于幼果的果皮娇嫩，幼果期间喷油乳制剂、铜制剂等刺激性农药，损伤幼嫩果皮造成的斑点。严重时出现锈果，轻度时易在幼果顶部出现黑点或晕圈。一般情况下，幼果中含有大量酚类物质，病菌不易侵入。

15 北京市某同志问：李子树花开前打什么农药？

北京市林业果树科学研究院　研究员　鲁韧强答：

李子树在萌芽前可喷洒3~5波美度石硫合剂，开花前一般不打农药。如果每年有李实蜂发生，可以在李子树花落80%~90%时，喷1遍菊酯类杀虫剂即可。

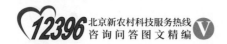
16 北京市网友"351701677"问：杏树开花早，遇降温花被冻死，有没有技术能延缓开花时间？

北京市林业果树科学研究院　研究员　鲁韧强答：

果树搞延迟开花难度很大。近些年气候变化大，杏树花期又提前了 1 周多，冻害发生的概率增加。现在预防花期冻害的措施：即根据天气趋势预报，在降温前 2 天喷布"天达 2116 细胞膜稳定剂"既可减轻冻害，又能提高坐果率，效果很好。

17 河北省殷女士问：杏树上有些小龟壳一样的东西，是什么？

北京市农林科学院植物保护环境保护研究所　高级农艺师徐筠答：

从图片看，是发生了球坚介壳虫。

防治措施

（1）人工用铁刷刷除后，用市售的煤油或粗柴油5份、洗衣粉1份、水30份充分搅拌，均匀地涂抹在被害树干上。

（2）冬季做好修剪清园以减轻翌年虫口密度，芽前喷5波美度石硫合剂。

（3）药剂防治。掌握在1代幼蚧出孵盛期及时进行全树喷雾防治（华北地区在洋槐树花期防治）。选用专一杀蚧壳虫的药剂，如40%速蚧克或速扑杀1 200倍液等＋有机硅3 000倍液。

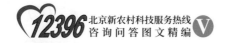
18 陕西省"一颗石头"问：5年龄的杏树有少量的流胶现象，应该采取什么措施？

北京市农林科学院植物保护环境保护研究所　高级农艺师徐筠答：

杏树少量的流胶现象可能是由于冻伤、日灼等造成的流胶病。

防治措施

（1）改种抗寒品种。

（2）树干涂白。此法可以防止树干冻伤、晚霜、抽条、日灼。涂白剂的制作方法及使用方法：生石灰10份、石硫合剂2份、食盐1份、油脂（动植物油均可）少许、黏土2份、水40份，搅拌均匀后进行树干涂白。涂白部位主要是树干基部（高度在0.6~0.8m为宜）和果树主枝中下部，有条件的可适当涂高一些，则效果更佳。涂白每年进行2次。分别在落叶后和早春进行。早春涂白时间的确定条件是在涂后晾干前不结冰的前提下，越早越好，新栽植的树木应在栽后立即涂。

（3）果树枝干流胶病致病菌是真菌，来自枝条枯死部位，经风雨传播，由皮孔侵入进行腐生生活，待树体抵抗力降低时向皮层扩展，翌年春枝干含水量降低，病菌扩展加速直达木质部，被害皮层褐变死亡，树脂道被破坏，树胶流出。

防治枝干流胶病关键技术是培养壮树，加强栽培管理，做好防冻、防日灼、防虫蛀等，用药只是辅助手段。对流胶过多无保留价值的枝干进行疏剪，对少数胶点的枝干将病皮刮除后，涂百菌清50倍液或菌毒清10倍液，连续涂2~3遍，间隔20天，连涂2年。

内蒙古自治区巴彦淖尔市网友"葵花之乡"问：杏树种子如何育苗好呢？

北京市林业果树科学研究院　研究员　鲁韧强答：

杏树种子育苗，在秋末冬初将采集的杏种子，用清水浸泡24小时，吸足水分后，与3倍的粗沙混合，将水分含量调到手握成团，指缝见水渍的程度，然后将掺匀的混沙种子，堆放在阴凉处，盖上草帘或麻袋类物品保护。经冬藏后，春季杏种仁内在物质转化完成，核壳开裂。待种仁大部分芽萌动时，即可整地播种。播种深度为种核直径的3倍。若能精细播种，则可分批挑出萌芽的种子按10cm的距离点种，这样出苗会很整齐。

二

果

树

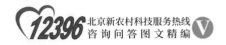

20 北京市平谷区张先生问：杏树上是什么虫？

北京市农林科学院植物保护环境保护研究所 高级农艺师 徐筠答：

从图片看，是茶翅蝽的初孵若虫，此时是进行药剂防治的最佳时期。

防治措施

（1）进行人工捕杀越冬成虫，减少果园周围茶翅蝽的数量，从而减少迁入量，是防治茶翅蝽的关键。

（2）成虫产卵期，查找卵块摘除。

（3）药剂诱杀。利用茶翅蝽喜食甜液的特性，配制毒饵诱杀，采用20份蜂蜜，19份水，加入1份20%灭扫利乳油，混合成毒饵涂抹在果园四周茶翅蝽喜欢植物（如泡桐、槐、杨等）的2~3年生枝条上，在无雨情况下，药效可达10天左右。

（4）药剂防治。5月下旬茶翅蝽成虫陆续进入果园，人工捕杀或树上喷2.5%溴氰菊酯乳油3 000倍液。约6月5日在茶翅蝽初孵若虫时期适时防治，可选药剂有5%氯氰菊酯乳油1 000倍液、2.5%溴氰菊酯乳油3 000倍液等。

（5）进行果实套袋。

21 北京市密云区农技员问：杏树上爬满了椭圆形黄褐色的虫子，是什么虫？怎么防治？

北京市农林科学院植物保护环境保护研究所　高级农艺师徐筠答：

从图片看，虫子是草履硕蚧。

防治方法

（1）早春在若虫孵化上树前在距地面高30cm的主干上，刮一宽12~15cm的横环，刮平后涂以黄泥，上围一圈塑料布，绑两道绳，上涂以黄油加毒死蜱，草履介壳虫即不能越过。

（2）在1龄若虫蜕皮后，可选择喷布下列杀介壳虫的药剂：25%扑虱霸可湿性粉剂1 500~2 000倍液，或20%杀灭菊酯乳油2 500~3 000倍液、40%速灭蚧1 000倍液、28%蚧宝乳油1 000倍液、速蚧克800倍液、速扑蚧杀800倍液。另外，3 000倍液有机硅渗透剂可大大提高药效。

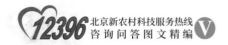

22 北京市网友"小贾"问：杏小指头大的时候掉果很多，是怎么回事？

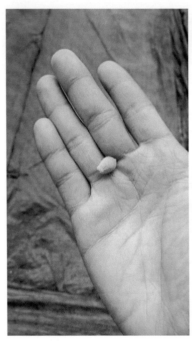 

北京市林业果树科学研究院　研究员　鲁韧强答：

从图片的幼果情况看，一定是种胚变褐色了。看杏树势很强，新梢生长很长，是属于新梢和幼果对营养竞争的结果，使幼果种胚发育中止，种胚坏死后不能产生调运营养的激素物质，幼果就会脱落。生产中在坐果后，一是要适当控水，抑制枝条旺长；二是对初期旺长的新梢要及时摘心，控梢节约营养，缓解新梢生长和幼果发育间营养竞争的矛盾，提高坐果率。

（四）樱　桃

01 北京市怀柔区严先生问：樱桃树叶片上有孔洞，是怎么回事？

北京市农林科学院植物保护环境保护研究所高级农艺师　徐筠答：

从图片看，是樱桃穿孔病。

防治措施

（1）加强樱桃的综合管理，重视增施有机肥（8 月下旬是施有机肥最佳时期），增强树势，对黏重土壤尤其要多施马粪或其他有机肥或施 GM 生物菌肥，配使硫酸钾复合肥，以利改善土壤。

（2）合理修剪，及时剪除病枝，虫枝，集中烧毁深埋，彻底消灭初侵染的病菌来源。

（3）控制浇水次数和浇水量，小水勤浇。

（4）喷药防治。樱桃细菌性穿孔病可用新植霉素 3 500 倍液 + 农用有机硅 3 000 倍液进行喷雾防治。一般每隔 15 天喷 1 次，共喷 3 次。

二

果树

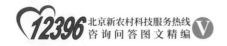
02 北京市房山区丁先生问：樱桃树流胶是什么原因，如何
进行防治？

北京市农林科学院植物保护环境保护研究所　高级农艺师
徐筠答：

从图片看，大樱桃是发生了流胶病。樱桃树流胶是由于真菌、
细菌和生理性因素等多种原因造成的，病因复杂，可根据具体情况
进行甄别，有针对性地进行防治。

防治措施

（1）不宜选择酸性土、沙土地、积涝和干旱缺水的地块建大樱桃园。

（2）选择抗病的品种。

（3）注意清除杂草。尽量减少伤口，修剪时不能大锯大砍，避免拉枝形成裂口。

（4）及时防治红颈天牛及小蠹虫以减少虫伤。

（5）防止冻害和日灼，对已发病的枝干应及时彻底刮治，伤口用生石灰10份、石硫合剂2份、食盐1份、植物油少许，对水调成糊状涂抹。

秋末冬初进行树干涂白，以预防冬季冻害的发生。涂白剂的制作方法及使用方法：生石灰10份、石硫合剂2份、食盐1份、油脂（动植物油均可）少许、黏土2份、水40份，搅拌均匀后进行树干涂白。涂白部位主要是树干基部，高度在0.6~0.8 m为宜；涂白果树主枝中下部、有条件的可适当涂高一些，则效果更佳。涂白每年进行2次。分别在落叶后和早春进行。早春涂白时间的确定条件是在涂后晾干前不结冰的前提下，越早越好，新栽植的树木应在栽后立即涂。

（6）药剂防治。樱桃树发芽前，喷3~5波美度石硫合剂，生长季节可以继续刮除病斑，涂抹石硫合剂。大樱桃生长季节结合防治桃褐腐病等病害，落花后7~10天开始喷药，用75%百菌清可湿性粉800倍液喷布树体，每10~15天喷药1次，连喷2~3次。樱桃树细菌性病原选择农用链霉素，在秋季落叶和早春休眠期喷农用链霉素3遍。

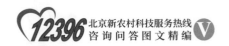
03 北京市海淀区孙女士问：樱桃树突然死亡，是什么原因？应该采取什么措施？

北京市林业果树科学研究院　研究员　鲁韧强答：

　　从图片上的樱桃长势看，不是干旱造成的，应该是浇水过多造成的涝害引起的死亡。这棵树处在较洼处，土壤水分饱和，根系不能呼吸，造成烂根，从而引起死亡。造成的原因是山地土层薄，下面石头不透水，更易滞留水分，使根系层土壤水分易饱和，使根无氧呼吸而烂根且有酒味。

　　可在树干周围松土，在冠外沿两侧挖 2 个 $1m^3$ 的深穴淋水且透气，尝试挽救一下。

北京市门头沟区樱桃种植户问：樱桃树叶片发黄是怎么回事？

北京市林业果树科学研究院　研究员　鲁韧强答：

从图片看，樱桃叶片脉间失绿，老叶片脉间失绿为缺镁症，新叶片脉间失绿是缺锰症。这棵树新老叶片都呈脉间失绿，应当是镁锰缺乏综合征。可叶面喷施0.3%硫酸镁加0.2%硫酸锰溶液进行矫正。

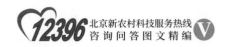

05 北京市东城区网友"孤傲王者"问：3 年的樱桃树突然
死了，是怎么回事？

北京市林业果树科学研究院　研究员　鲁韧强答：

从图片看，3 年的樱树死亡是因为根茎部位（即地面结合部），
冬季低温将树皮冻死。春季萌芽时，树靠枝干储存营养和木质部输
送水分长出新梢，很快使梢叶干枯死亡。从树根茎下方长出萌蘖，
也证明是树干基部皮层死亡。

06 北京市延庆区刘先生问：一棵樱桃不结果，是什么原因？

北京市林业果树科学研究院‵研究员　鲁韧强答：

櫻桃树绝大多数品种需要异花授粉，也就是需要 2 个品种以上互为授粉，才能结果。目前生产用的主栽樱桃品种中，只有拉宾斯这个品种可自花授粉。因此，若有地方就再种一棵其他樱桃品种，若没有种的地方就采取接授粉枝的办法。可在 8 月进行芽接，也可在翌年萌芽前进行枝接，待接枝长大成花后即可解决授粉问题了。这树形成花芽少，可能是树势太旺，大枝角度小，可把大枝拉开张到 60° 以上，使树势缓和通风透光，就容易形成花芽了。

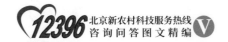
 07 北京市顺义区史先生问：樱桃叶片有黑斑，是怎么回事？

北京市农林科学院植物保护环境保护研究所　高级农艺师　徐筠答：

樱桃树叶片有黑斑可能是叶斑病。

防治措施

（1）加强水肥管理。增强树势，提高树体的抗病能力，冬季修剪后彻底清除果园病枝和落叶，集中深埋或烧毁，以减少越冬病源。

（2）进行药剂防治。一是植株萌芽前喷 5 波美度的石硫合剂。二是加强春梢的防治，花后 7~10 天喷药，隔 15 天再喷 1 次。选择喷施的药剂有：1.5% 多抗霉素 300~500 倍液 +3 000 有机硅倍液，防效好，多年连续病菌无抗性产生；10% 宝丽安 1 200~1 500 倍液 +3 000 有机硅倍液；80% 大生 600 倍液 +3 000 有机硅倍液。雨季可再加喷 1~2 遍。

08 北京市延庆区网友"延庆区 国"问：什么药可以治樱
花树和柳树枝干上的蚂蚁？

北京市农林科学院植物保护环境保护研究所　高级农艺师
徐筠答：

树干上住满了蚂蚁，原因是樱花树和柳树上有蚜虫，蚂蚁只食
蚜虫蜜露，不为害树木。

解决方法

（1）樱花树和柳树防治蚜虫，选择喷洒 10% 吡虫啉可湿性粉
剂 3 000 倍液 + 有机硅 3 000 倍液；20% 啶虫脒 3 000 倍液（高温
效果好）+ 有机硅 3 000 倍液。

（2）在樱花树和柳树下撒炒熟的鸡蛋壳粉，用以驱除蚂蚁。

二

果

树

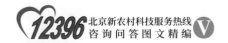

09 北京市通州区网友"秋风易冷"问：樱桃树 9 月不施鸡粪只施豆粕可以吗？豆粕发酵需要多少天？

北京市林业果树科学研究院　研究员　鲁韧强答：

樱桃树 9 月秋施基肥，可以施用豆粕，但豆粕营养含量很高，必须要充分腐熟才能施用，否则，施后会发热烧根。

发酵方法

要将豆粕均匀喷水翻倒至含水量达 60%，然后堆放规整，避免雨淋，一般待豆粕堆发热温度到 60℃以上时，开始翻倒，使内外豆粕掺和均匀，若缺水应补喷些水，再成堆发酵待温度升到 60℃以上时再翻倒 1 次。一般需要翻倒 2~3 次，至豆粕变成疏松颗粒状即发酵成功。一般豆粕发酵成功需 20 天左右。若有条件可购买酵素或三安制肥素，掺入豆粕发酵升温快且无臭味。

（五）葡　萄

01 北京市东城区网友"时空@传奇"问：葡萄果穗上果实腐烂，是什么病？怎么防治？

北京市农林科学院植物保护环境保护研究所　高级农艺师徐筠答：

从图片看，是发生了葡萄白腐病。

防治措施

（1）做好果园清洁工作以减少菌源。

（2）改善架面、通风透光、及时整枝、打叉、摘心和尽量减少伤口，提高果穗离地面距离，架下地面覆黑地膜占地面的60%，注意排水降低地面湿度。喷磷酸二氢钾等叶面肥和根施复合肥，增强树势，提高抗病力等一系列措施，都可抑制病害的发生和流行。接近地面的果穗可进行套袋。

（3）强化药剂防治。在葡萄芽膨大而未发芽前喷3~5波美度石硫合剂或45%晶体石硫合剂40~50倍液。花前开始至采摘前，每15~20天喷1次药，可用1：0.5：200式的波尔多液和百菌清600倍液+有机硅3 000倍液交替使用，进行预防。施药必须注意质量，要穗穗打到，粒粒着药。

二

果树

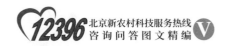
02 北京市怀柔区网友"怀柔北房～农业"问：葡萄叶边缘
干枯是怎么回事？

北京市林业果树科学研究院　研究员　鲁韧强答：

从图片看，葡萄叶片干边是缺钾症。缺钾元素表现在老叶片，叶绿色先烧叶尖，逐渐扩展到叶缘。先结合喷药加入 0.5% 的硫酸钾，果实膨大期再重点追施钾肥，促进果粒膨大也矫正缺钾症。

03 北京市门头沟区李先生问：葡萄果穗腐烂，是什么病害？怎么防治？

北京市农林科学院植物保护环境保护研究所　高级农艺师徐筠答：

从图片看，应该是葡萄炭疽病。

防治措施

在生长季节抓好喷药保护。每 15~20 天，细致喷布 1 次 1∶0.5∶240 倍半量式波尔多液，保护好树体，并在 2 次波尔多液之间加喷高效、低残留、无毒或低毒杀菌剂。

可选用以下农药交替使用：多抗霉素 500 倍液、72% 克露可湿性粉剂 700~800 倍液、75% 百菌清可湿性粉剂 600~800 倍液、50% 代森锰锌可湿性粉剂 500 倍液、80% 甲基托布津可湿性粉剂 1 000 倍液。

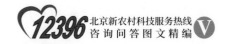
 04 北京市网友"岩姥爷"问：葡萄灰霉病怎么防治？

北京市农林科学院植物保护环境保护研究所　高级农艺师徐筠答：

葡萄灰霉病主要发生在保护地和葡萄贮藏期。葡萄灰霉病侵染多发生在花期，以后在果实、叶上可不断再感染，也有的是花期潜伏浸染，果实近成熟期表现症状。

防治措施

（1）保护地注意调节室（棚）内温湿度，白天使室内温度维持在 32~35℃，空气湿度控制在 75% 左右，夜晚室（棚）内温度维持在 10~15℃，空气湿度控制在 95% 以下。

（2）避免偏施氮肥，适当增施磷钾肥。

（3）花期前后及时喷少量石灰波尔多液保护。

（4）发病后及时摘除病果病穗后喷药。可选药剂：50% 扑海因 1 000~1 500 倍液；10% 多氧霉素 1 000 倍液；70% 甲基托布津可湿性粉剂 1 000 倍液；50% 速克灵 1 000~2 000 倍液；48% 多菌灵 600~800 倍液。以上药剂可加有机硅 3 000 倍液。

北京市海淀区贾先生问：露地葡萄有什么杀菌药可以在雨后使用？

北京市农林科学院植物保护环境保护研究所　副研究员　黄金宝答：

进入梅雨季节，一般情况下，葡萄霜霉病、灰霉病等已发生，用药要对路。如果露地葡萄没有发病，可使用保护剂防治，如波尔多液、石硫合剂、百菌清或阿米西达等，如已发病，就要用相对应的治疗药剂防治，但尽量在下雨前用效果最好，只要施药后 2 小时不下雨就行。

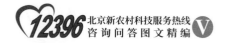
06 北京市大兴区高女士问：葡萄穗轴变褐是怎么回事？

北京市农林科学院植物保护环境保护研究所　高级农艺师
徐筠答：

从图片看，可能是葡萄穗轴褐枯病，是一种新的病害。

（1）病状。葡萄穗轴褐枯病是葡萄上的一种新的病害，受害严重的巨峰葡萄，其幼穗小穗轴和小幼果大量脱落，影响产量和品质。小穗轴发病初期，先在果穗分枝的小穗轴上出现水浸状褐色小斑点，很快变褐坏死，干枯变为黑褐色，幼果萎缩脱落后剩下穗轴，以后干枯的穗轴经风吹或触碰，从分枝处脱落。小幼果被害后有两种症状：最初在小幼果粒上发生水浸状褐色不规律的片状病斑，迅速扩展到整个穗粒，变为黑褐色，随之萎缩脱落；小幼果上出现深褐色至黑色圆形小斑点，病斑不凹陷，幼果不脱落，随着果粒增大，病斑表面呈疮痂脱落，只影响外观，不影响果实生长发育。

（2）发病规律。花期多雨低温发病重，反之则轻。该病发生期集中在花期前后，只为害小穗轴和小幼果，不为害枝蔓、叶片。

（3）防治措施。做好果园排水设施建设，降低水位；清除杂草，改善架面通风透光条件。花期1周和始花期，结合防治黑痘病和灰霉病，喷洒农药波尔多液、多菌灵或甲基托布津。花前18天每株根浇0.5~1g（有效成分）多效唑，可明显增强分枝穗轴的抗病能力。

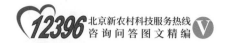

07 北京市海淀区陈女士问：葡萄叶子上面有大量小虫，是什么虫子？怎么防治？

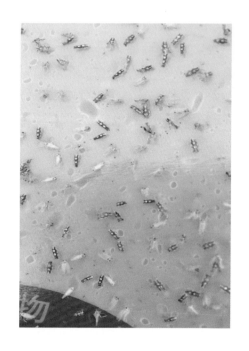

北京市林业果树科学研究院　研究员　鲁韧强答：

从图片看，葡萄叶片上的虫称二斑叶蝉，繁殖迅速。可将叶片刺吸成连片白斑，使叶片光合作用减弱，为害严重的树葡萄粒小而着色差。

防治方法

可喷高效氯氰菊酯加毒死蜱防治，喷药液时加 3 000 倍液有机硅助剂，可增强渗透作用，即可杀虫又可杀卵，提高防治效果。

08 河南省网友"河南，夏黑葡萄"问：夏黑葡萄之前比较整齐，蘸果 2 次后，果粒大小不一，是怎么回事？

北京市林业果树科学研究院　研究员　鲁韧强答：

夏黑葡萄激素蘸果 2 次后，有少量小粒是正常的，这是因为果粒之间养分供应存在差异造成的。从图片看，果穗的小果粒太多了，可能与使用的激素种类组合不当和配制的浓度过高有关系。植物生长调节剂一般都有低浓度促进，高浓度抑制的特性，只有适宜的浓度才有促进膨大的最好效果。

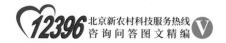

09 北京市延庆区闫女士问：葡萄叶背有白霜，是什么病？
怎么防治？

北京市农林科学院植物保护环境保护研究所　高级农艺师
徐筠答：

从图片看，可能是发生了葡萄毛瘿螨，也称锈壁虱、潜叶壁
虱、毛毡病。

防治措施

（1）春天葡萄冬芽膨大成绒球状时，喷 1 次 0.5~1 波美度的石
硫合剂或 80% 成标 500 倍液加有机硅 3 000 倍液。

（2）生长期发现有为害状时喷 1 次杀瘿螨的杀螨剂。可选药
剂：20% 螨死净 2 000 倍液、20% 扫螨净 1 500 倍液、5% 霸螨灵
2 000 倍液、25% 三唑锡 1 000 倍液、10% 浏阳霉素 1 000 倍液，以
上药剂加有机硅 3 000 倍液效果更好。

（3）注意。尼索朗不杀瘿螨，不要使用。

10 北京市海淀区赵先生问：温室葡萄幼蔓出现黑色连片病斑，是怎么回事？

图片 1

图片 2

图片 3

北京市林业果树科学研究院　研究员鲁韧强答：

从图片 1、图片 2 两张图片看，幼蔓出现不规则黑色病斑，是葡萄蔓枯病；图片 3 是新蔓基部叶片脉间失绿，是缺镁症；图片 4 是叶片出现不规则破损，是在幼叶展叶前被绿盲蝽刺吸为害，展叶后即成为破叶。

图片 4

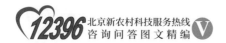
（六）草 莓

辽宁省网友"国益生物"问：草莓个头小，着色不均匀，是怎么回事？

北京市林业果树科学研究院　研究员　鲁韧强答：

从图片看，是明显的缺钾症。表现为老叶片叶缘锯齿枯焦，果实着色差且果个小，可适当进行补钾，加强水肥管理。

02 辽宁省网友"国益生物"问：草莓叶片尖上出小水珠是怎么回事？

北京市林业果树科学研究院　研究员　鲁韧强答：

从图片看，草莓叶尖上的小水珠是叶片水分蒸发后形成的自然现象。叶片具有蒸腾水分的作用，来调节体温及携带矿质元素运输等。在白天因蒸发量大，水分散失快，因此，没有水分停留。但在夜间且无风天气，叶片还有少量蒸腾，且因水分蒸发慢即停留在叶脉端，呈现晶莹的水珠。所谓"小苗挂满露水珠"并不是露水，而是植物蒸腾形成的"吐水"现象。

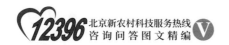
03 辽宁省网友"国益生物"问：久久草莓果实着色不均匀，是怎么回事？

北京市农林科学院植物保护环境保护研究所　高级农艺师徐筠答：

从图片看，是发生了缺钾症。

防治措施

（1）结合秋施基肥或生长季追肥时，增加硫酸钾的施用量，每亩土施 3~5kg。

（2）生长季叶面喷施草木灰浸出液 50 倍液或磷酸二氢钾 300 倍液，每间隔半个月喷施 1 次，共喷施 2~3 次。

04 辽宁省网友"国益生物"问：草莓匍匐茎长得快，怎么办？

北京市林业果树科学研究院　研究员　鲁韧强答：

从图片看，草莓生长基本正常。草莓匍匐茎长得快是好事，可多出子苗。如果行距较小，匍匐茎出的又多，在行间摆不开的情况下，可对过密较弱的匍匐茎进行摘心。在长度上进行长短搭配，这样既可调节分布空间，又可产出壮苗。

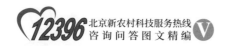
05 河北省王女士问：草莓苗都死了，根部发黑，是什么问题？

北京市农林科学院植物保护环境保护研究所　高级农艺师徐筠答：

从草莓病害图片看，可能是发生了草莓红中柱根腐病。

1. 病因及症状

重茬、黏性土、气温低、土壤湿度较大易发病。发病初期不定根中间部位表皮坏死，形成 1~5mm 的红褐色或黑褐色棱状长斑，严重时木质部坏死。植株易早衰，茎变为褐色，植株下部老叶变成黄色或红色病株枯萎迅速。

2. 防治措施

（1）农业防治。

① 改良黏性土壤，降低湿度；

② 及时清除病株，实行轮作倒茬，根腐病发生严重地块 4~5 年后再种植草莓；

③ 进行垄栽并覆盖地膜；

④ 氮肥选择硫酸铵，钾肥选择土施硫酸钾。注意多施磷肥，这样有利于降低草莓黑根腐病的发生；

⑤ 选用抗病品种。

（2）土壤消毒。利用日光对土壤进行消毒；补苗前病穴采用生石灰消毒。

（3）化学防治。

①浸苗根：可选用 50% 速克灵 1 000 倍液、70% 甲基托布津 1 000 倍液。

②田间灌根：可选用 72% 克露可湿性粉剂 600 倍液、64% 杀毒矾 500 倍液、50% 扑海因 1 500 倍液、58% 甲霜灵锰锌 600 倍液。

（4）生物防治。调节土壤有益微生物构成，建立对植物生长及抗病性有益的土壤环境，施普乐微牌的抗重茬防病专用生物菌剂，中国农业大学西校区有售。

二

果

树

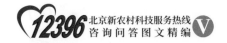
06 四川省凉山彝族自治州网友"草莓"问：草莓育苗期应该防治哪些病？用什么药？

北京市农林科学院植物保护环境保护研究所　高级农艺师徐筠答：

草莓育苗期常见病害有炭疽病、叶斑病、白粉病、根腐病等。

（1）炭疽病。

发病适宜温度为 28~32℃，相对湿度在 90% 以上，是典型的高温高湿型病菌，发病盛期多在母株匍匐茎抽生期。雨水多、土壤黏重、施氮肥多、植株徒长、栽植过密通风不良时易发病。

防治措施

① 预防为主，选用抗病品种、避免多年连作，及时摘除植株病残体。

② 发病初期或易发病期施药，每隔 7~10 天喷施 1 次。可选用苯醚甲环唑、苯甲溴菌腈、氟硅唑咪鲜胺、戊唑醇等治疗型杀菌剂，同时，配合代森锌、代森锰锌、嘧菌酯、吡唑醚菌酯等偏保护性的药剂一同使用。

（2）叶斑病。

该病高温高湿易发，老叶先感病，逐渐扩展至全株，春季光照不足，天气阴湿时发病重。重茬田、排水不良、管理粗放的多湿地块或植株生长衰弱的田块发病重。

防治措施

① 避免连作，及时摘除感病老叶并集中烧毁。不偏施氮肥，增施磷钾肥。

② 在繁苗期，用多抗霉素、咪鲜胺、吡唑醚菌酯、嘧菌酯等喷雾预防，间隔 7~10 天喷 1 次，连喷 2~3 次。

③ 发病初期，用百菌清、代森锰锌、苯醚甲环唑等喷雾防治，间隔 10 天喷施 1 次，连喷 2~3 次。

（3）白粉病。

草莓育苗期白粉病主要为害叶片，叶柄。昼夜温差较大、栽培环境干湿变化大易发病，发病期在匍匐茎发生初期、苗圃封垄时。光照弱、通风差、排水不良等情况下发生严重。

防治措施

① 注意育苗地的通风透光，雨后要适时排水。及时摘除老叶、病叶，并集中深埋。

② 发病初期可选择醚菌酯、吡唑醚菌酯、肟菌酯等，做预防用减少用量，喷雾时要打遍打透。三唑类农药如丙环唑、氟硅唑等，虽防效尚可，但用量过大或次数过多会抑制植株生长，要谨慎使用。

（4）根腐病。

该病也称红中柱根腐病，又称红心病。该病是由一种低温性疫霉菌引起的，土壤温度低、湿度大时容易发病。低洼地、排水不良或大水漫灌时发病重。

防治措施

① 种苗应单独培育，避免种苗带病。避免草莓连作，实行轮作换茬。育苗前用多菌灵等对土壤消毒。

② 施用充分腐熟的有机肥，多使用微生物肥料，增施磷、钾肥，避免偏施氮肥。育苗期间雨后注意及时排水，防止田间积水引发病害。

二

果

树

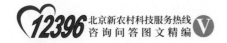
③对发生根腐病的草莓，应及时挖除病株。初期可用霜脲·锰锌 + 海精灵生物刺激剂（淋根型）进行灌根防治，每株灌 250mL，每 7 天喷施 1 次，连续灌根 2~3 次。

浙江省网友"阳光下、浅浅笑"问：草莓个很小就开始红，是什么原因？

北京市农林科学院植物营养与资源研究所　助理研究员左强答：

草莓从开花到果实成熟，一般需要 20~40 天，温度对果实生长发育有明显影响，温度高需要的天数少，温度低则需要天数多，温度较低有利于果实膨大，温度过高则果实小，成熟早。因此，草莓在个头很小就开始红，可能与温室内温度较高有关。另外，长日照、强光照可促进果实成熟，低温配合强光照可提高果实品质。

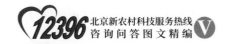
08 北京市某同志问：大棚草莓不打农药会影响产量吗？

北京市农林科学院植物保护环境保护研究所　高级农艺师
徐筠答：

大棚草莓不打药肯定会影响产量。大棚草莓病虫害发生还是很严重的，因为草莓连续结果，一般生产上每周都要喷药，否则，出不了好果。目前可以采用零残留的菌剂防治病虫害，可关注"三安"菌剂等生物制剂。

09 四川省凉山网友"四川凉山～草莓"问：草莓叶子发红，根系腐烂，请问这是怎么回事呢？

北京市农林科学院植物保护环境保护研究所 高级农艺师 徐筠答：

从图片看，可能是草莓红叶病。

防治措施

（1）针对土壤的土传病害采用新型土壤调理养地。建议使用富含复合甲壳素的 963 养根素，按照每亩（1 亩 ≈ 667 m²。全书同）

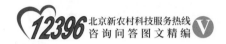
2 000mL 的用量，整个草莓生育期可以用到 3~4 次。特别是定植后 1 个月内，建议按上述用量至少使用 2 次。

（2）培养强壮的草莓苗，增强其自身的抗病能力，降低病害的发生。

（3）使用瑞凡或者根茎保配合多宁和甲托灌根间隔 7 天使用两次。灌根标准：瑞凡稀释 1 000 倍液，15g 药对 1 桶水；根茎保稀释 600 倍液，25g 药对 1 桶水；多宁稀释 600 倍液，25g 药对 1 桶水；甲托稀释 1 000 倍液，15g 药对 1 桶水。

（4）采取干种的方式。草莓红叶病是一种新型的真菌病害。它的发病条件恰恰是低温高湿的环境。湿种的方式无疑是人为的为病菌传播创造了条件，如果定植后遇到阴雨天，病害的传播将更严重。

10 北京市海淀区王先生问：草莓叶子不正常是什么问题？怎么防治？

北京市农林科学院植物保护环境保护研究所　研究员　李明远

答：

从图片看，是发生了一种叶螨，俗称白蜘蛛或红蜘蛛。仔细观察，应当可以看到虫子。目前最有效的农药施联苯肼酯（爱卡螨），但是此药每茬只能用2次，以后可用阿维菌素或哒螨灵。如果是种植有机草莓，可以释放捕食螨，但根据图片，虫害已相当严重，只能用化学的方法才能控制住。

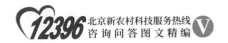
（七）其他果树

01 北京市怀柔区农技员刘女士问：枣树长疯了，是什么问题，应当怎么处理？

北京市农林科学院植物保护环境保护研究所　高级农艺师徐筠答：

从图片看，枣树是得了枣疯病，目前对该病严重的病树还没有特效防治方法。

疯枣病又称丛枝病和公枣树，是植原体病害，主要通过传病昆虫叶蝉和嫁接传病方式传播，以枝、花不能正常生长发育而成丛状为主要特点。

防治措施

（1）选用枣树抗病品种。

（2）严格检疫，选用无病砧木或接穗。苗圃中一旦发现病苗，立即拔除烧毁，刨净根部。

（3）及时防治媒介昆虫，防止媒介昆虫传病。

防治中国拟菱纹叶蝉：4 月下旬枣树发芽时、5 月中旬枣树开花前用 10% 氯氰菊酯乳油 3 000~5 000 倍液喷雾防治其越冬卵及若虫；6 月下旬枣树盛花期后，用 10% 吡虫啉 2 000~3 000 倍液喷雾防治其成虫。

防治凹缘菱纹叶蝉：枣园中防治该虫的最佳时间为 6 月中旬、7 月中旬和 8 月下旬。20% 灭扫利乳油 6 000 倍液、10% 吡虫啉 2 000~3 000 倍液、50% 的西维因可湿性粉剂 800 倍液等交替使用。

（4）刨除严重病树，防止传染。

（5）加强枣园管理，立秋后增施有机肥，并适当增施碱性肥料，提高土壤有机质含量，维持强健树势，提高树体的抗病能力。若土壤为酸性，可适量施入石灰。

（6）盐碱地较适宜种枣，不适宜种枣的地区可考虑改种核桃、苹果、梨、桃等其他果树。

二

果

树

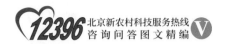

02 广西壮族自治区"广西蜜丝枣 – 彬"问：枣树花蕊变褐色，是怎么回事？

北京市林业果树科学研究院　研究员　鲁韧强答：

从图片看，青枣花没什么问题。枣类开花多但坐果极少，这种花盘变褐色的花朵，应该是授粉受精不良，很快就要萎蔫脱落的花朵。

03 北京市延庆区王先生问：枣树是什么病？怎么防治？

北京市农林科学院植物保护环境保护研究所 高级农艺师 徐筠答：

从图片看，是发生了枣缩果病，是一种细菌性病害。

防治措施

（1）农业防治。在秋冬季节清理落叶、落果、落吊，早春刮树皮，集中烧毁；合理冬剪，改善通风透光条件，防止冠内郁闭。

（2）药剂防治。花期和幼果期喷洒 0.3% 硼砂或硼酸。萌芽前喷波美 3~5 度石硫合剂。7 月下旬至 8 月上旬喷农用链霉素 100~140 单位 /mL，或 50% 琥胶肥酸铜（DT）可湿性粉剂 600 倍液，或 10% 世高水分散粒剂 2 000~3 000 倍液。隔 7~10 天喷 1 次，连续喷施 1~2 次。

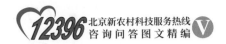
04 北京市顺义区石先生问：当年种的枣树有的结枣、有的不结枣，是什么原因？

北京市林业果树科学研究院　研究员　鲁韧强答：

枣树当年定植发出的新梢，少数枣吊可形成花结果。可以说大部分树都能见花，但不一定能坐住果。坐不住果的原因很多，一是品种问题，如本地忞忞枣就容易坐果，而引进的冬枣就不易坐果；二是树势问题，新定植的小树，生长太弱营养不足不易坐果；三是气候问题，如果开花赶上好天气就易坐果，如遇降水则不易坐果。

05 北京市网友"追求与众不同"问：枣树7~8年一直不挂果，是什么原因？

北京市林业果树科学研究院　研究员　鲁韧强答：

7~8年生枣树不挂果，可能与树势过旺有关。难坐果的树可采取环状剥皮和喷赤霉素等措施。

具体做法。

（1）刚见枣吊有初开几朵花时即进行环剥，环剥宽度为干粗的1/8。

（2）盛花期喷1.5/万分的赤霉素，隔1周喷1次，共喷2次。

（3）盛花期喷0.3%磷酸二氢钾加0.2%硼砂。遇花期高温干热天气，在傍晚可喷2次清水。

二
果
树

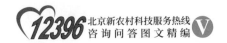
06 北京市密云区网友"心影"问：核桃树叶黄了是怎么回事？

北京市林业果树科学研究院　研究员　鲁韧强答：

从图片看，核桃树新叶脉间失绿，应该是缺锰症。可结合防治病虫喷药，在药液中加入 0.3% 的硫酸锰进行矫正。

07 北京市房山区网友"北京房山丁"问：核桃出现黑色僵果，是怎么回事？

北京市农林科学院植物保护环境保护研究所 高级农艺师 徐筠答：

从图片看，是核桃黑为害。核桃黑是虫害，是因为核桃举肢蛾为害的核桃果实，后期果皮变黑。核桃表皮黑了能吃，但没有了商品价值。这种虫子在我国核桃产区1年发生2代，在河北、山西等省的高寒地区，海拔在500m以上地区1年仅发生1代。以老熟幼虫在树冠下的表土处越冬。

防治方法

针对1年发生2代核桃产区，采取以下防治方法。

（1）刨树盘，以恶化越冬幼虫的生态环境，秋末冬初（10—11月）或春季（3—5月）深刨树盘10cm以上。

（2）地面药剂处理。毒杀即将羽化的成虫，5月中旬开始，大树每株用25%辛硫磷50g，对水5kg喷洒树盘内外并混土。

（3）树上防治。5月下旬田间越冬代蛾已出现后，及时喷药不可偏晚，6月中旬喷第二次药，25%灭幼脲三号1 500倍液。

（4）摘除虫果。6月下旬至8月上旬，在幼虫脱果前，及时拾净地面落果，摘除树上变黑虫果，集中深埋。

（5）物理防治。核桃举肢蛾对短波光趋性较强，可用黑光灯对核桃举肢蛾成虫进行引诱。

二

果树

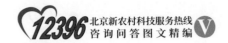

08 山东省网友"洪畔~山东烟台"问：核桃、碧根果与苹果这3种树哪个可以粗放管理？

北京市林业果树科学研究院　研究员　鲁韧强答：

核桃、山核桃与苹果这3个树种，最耐粗放管理的是核桃，因为核桃是本土树种，风土适应性强；而所谓碧根果是美国产的山核桃品种，国内现很少栽培，还有待了解和试种；苹果树需精细管理，且易感腐烂病而死树。核桃基本没致命病害，成花结果容易且管理最省事。

北京市房山区网友"爱你国安"问：核桃腐烂病怎么治?

北京市农林科学院植物保护环境保护研究所　高级农艺师徐筠答：

核桃腐烂病通过风雨和昆虫传播，从嫁接口、剪锯口或伤口等处侵入，发病盛期是在4—5月，潮湿的环境有利于该病的发生，管理粗放、树势较弱的果园发病较严重。

（1）在落叶后、萌芽期（腐烂病的发病初期），全树喷洒5%菌毒清500倍液。或当有10%~15%枝干发病，开始第一次喷药，以后视病情发展，相隔10~15天喷1次，病害重的喷2~3次。

（2）全年随时刮治新生的腐烂病病斑并将刮下的病皮集中烧毁或深埋，刮治腐烂病时应上下刮，并将病斑周围健康的表皮刮去2cm左右，然后在去皮的组织上用小刀画"井子"形的刻痕后，并在病部涂抹5%菌毒清10倍液或石硫合剂或托福油膏等。在日常的果园管理中，应避免造成各种伤口，并注意防治蛀干害虫，以减少腐烂病病原菌侵染的机会。

（3）加强核桃园管理，改良土壤，合理施肥灌水，科学整形修剪，改善通风透光条件，增强核桃树势，提高抗病能力。8月下旬结合施基肥，应深挖树盘，改善核桃树根际的土壤条件，施有机肥要充分熟化，以免烧根。

二

果

树

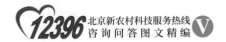

10 北京市密云区某同志问：板栗上有褐色的虫子，是什么害虫？打什么药防治？

　　北京市农林科学院植物保护环境保护研究所　　高级农艺师徐筠答：

　　从图片看，是栎粉舟蛾老龄幼虫。

防治措施

　　（1）栎粉舟蛾以蛹在土壤里越冬，可在6月下旬羽化前，采取林地养鸡，松土等措施杀灭部分害虫。

　　（2）6月下旬至7月下旬，防治成虫期用黑光灯诱杀。

　　（3）7月下旬至8月上旬，人工振树捕杀幼虫。

　　（4）树上喷药防治低龄幼虫。可选药剂：25%灭幼脲2 000倍液＋有机硅3 000倍液；苏云君杆菌2 000倍液＋有机硅3 000倍液。

11 北京市密云区网友"平凡的人"问：栗子早开口、果实发白，是什么原因？

北京市林业果树科学研究院　研究员　鲁韧强答：

从图片看，栗苞早开口，不是缺素造成的。应与阶段性天气干旱有关，致使栗苞老化。而后期雨水较大，种子膨大生长较快，栗苞的生长跟不上种子的生长速度，而被胀裂。

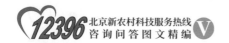

12 北京市网友"平凡的人"问：栗子树叶皱缩卷曲且发黄是什么问题？怎么防治？

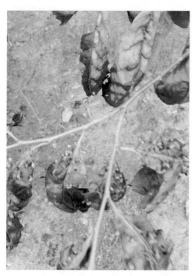

　　北京市农林科学院植物保护环境保护研究所　高级农艺师徐筠答：

　　从图片看，是发生了栗叶瘿螨，又称栗瘿壁虱。该螨虫成螨体长 160~180μm，宽 30μm。栗叶瘿螨以雌成螨在栗树 2~3 年生枝叶痕及的当年生枝条的芽鳞下越冬。翌年 5 月上旬，当栗树开始抽梢展叶时开始出蛰活动，转移到新叶为害。在叶的背面和正面生出袋状虫瘿。瘿长 0.2~1.4cm，横径 0.1~0.2cm。1 个瘿内有螨上百头，螨在瘿内毛状附属物中间活动。当虫瘿干枯时，螨体成群从孔口迁出在叶背爬行。一直至 9 月均有新鲜虫瘿生出。10 月下旬，大部分虫瘿钻到枝条上寻找越冬场所，开始越冬。

防治措施

（1）人工防治。在发病初期人工剪除被害枝条集中处理，即可达到逐步消灭的效果。

（2）化学防治。栗叶瘿螨 一般发生不严重，活动扩散性较差，在一片栗园中，往往只集中在几株树上，在 1 株树上又多集中在某几个枝条上。成片化学防治是不必要的。在栗芽萌动或展叶期，进行挑治。

可选药剂 50% 硫悬浮剂 200~300 倍液；5% 尼索朗乳油 1 500 倍液、15% 哒螨灵乳油 3 000 倍液、20% 螨死净悬浮剂 3 000 倍液。以上药剂可加有机硅 3 000 倍液效果好。

二

果

树

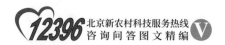

13 北京市大兴区王女士问：海棠叶子变黄后，叶背面长有像胡子一样的东西，是怎么了？

北京市农林科学院植物保护环境保护研究所　高级农艺师徐筠答：

从图片看，是发生了锈病，又称赤星病。

防治方法

（1）果园 5 000m 以内不能种植桧柏。

（2）果园周围种植的桧柏需进行防治。早春在桧柏上喷 2~3 波美度石硫合剂或者 100~160 倍液波尔多液喷施 1~2 次。

（3）果树上，在花前或花后喷 1 次 25% 粉锈宁 3 000~4 000 倍液效果很好。发病严重喷 1 次 25% 粉锈宁 3 000~4 000 倍液可以控制病情，但是不能解决病状了。

14 河北省网友"河北绿化养护～殷女士"问：沙果树叶子黄化皱缩，是怎么了？

北京市林业果树科学研究院　研究员　鲁韧强答：

从图片看，沙果叶片黄是发生了缺铁症。在盐碱地、土壤 pH 值过高、施磷肥多等条件下，都会造成土壤中铁元素被固定。在雨季水多促使沙果新梢生长快，而土壤透气性变差又削弱了根系对养分的吸收，使新生叶片缺铁而黄化。

15 山东省网友"山东寿光辣椒"问：柿子树果实发黑是什么病，如何防治？

北京市农林科学院植物保护环境保护研究所 高级农艺师徐筠答：

从图片看，是柿子黑斑病。

防治措施

（1）农业防治。及时中耕锄草，疏除过密枝条，增进通风透光。落叶后清洁果园，扫除落叶。

（2）药剂防治。可选择的药剂有：3%多抗霉素水剂 300~500倍液、10%多氧霉素 1 000~1 500 倍液、4%农抗 120 果树专用型600~800 倍液、5%扑海因可湿性粉剂 1 000 倍液，以上药剂加有机硅 3 000 倍液效果好。

（3）喷药时期。这些农药应以多抗霉素为主，其他药交替使用。第一次落花后立即喷药，第二次间隔10天喷施，第三次在7月初喷施。

16 北京市大兴区果树种植户问：桑树上的虫子是美国白蛾幼虫吗？怎么防治？

北京市林业果树科学研究院　研究员　鲁韧强答：

从图片看，是美国白蛾，可喷毒死蜱或菊酯类农药进行防治。美国白蛾并不抗药，多种杀虫剂对它都有作用。一般说它难治是因为它高度杂食，什么植物都吃，若成虫飞到不打药防虫的林带、林地、居民区庭院树木等，就会繁殖起来。在果园规范防治病虫的情况下，美国白蛾很少造成为害。因为它的杂食和广泛性，最好的防治方法是释放寄生蜂，以虫治虫，随时跟踪消灭。

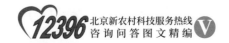

17 广西壮族自治区网友"广西小成"问：雨水多引起的柑橘叶子变黄，是烂根了吗？用什么药治疗？

北京市林业果树科学研究院　研究员　鲁韧强答：

从图片看，柑橘树和地形，分析不是烂根问题，而是新叶缺铁黄化症。是由于雨水多，生长量大，土壤板结造成的。可通过树盘松土和喷布 EDTA 螯合铁矫正。为防止柑橘烂根，可通过松土透气、晾根，对有早期烂根喷甲双噁霉灵防治，最好能用有益菌剂防治。

18 河北省迁西县于先生问：金橘树叶子发黄是怎么回事？

北京市林业果树科学研究院　研究员　鲁韧强答：

　　从图片看，金橘树是发生了缺铁症。一般南方树种喜酸性土壤，而北方土壤一般偏碱性，因此，金橘种在北方生长不适应，容易发生缺素症。特别是在设施栽培的条件下，由于棚内温度高又得不到雨淋，土壤更易形成盐渍化，会使缺素症加重。一般大、中量元素在土壤中性和偏碱性时植物易吸收；而微量元素则是在酸性土壤条件下更容易吸收。因此，北方设施中种南方果树，除注意施硫黄进行土壤调酸，增施有机肥或菌肥外，还应施些硫酸铵、硫酸亚铁等酸性肥料。特别要注意灌水的调酸，一般用磷酸来调节水的pH 值，否则，北方水体 pH 值在 7 以上，浇几遍水就会使土壤变成碱性，加重缺素症的发生。

二

果

树

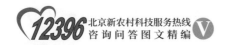

19 北京市延庆区网友"福气冲天"问：火龙果茎上有很多红点是什么病？怎么防治？

北京市农林科学院植物保护环境保护研究所　高级农艺师徐筠答：

从图片看，是火龙果炭疽病。

防治措施

（1）不同品种混搭种植，可减缓和防止该病蔓延。

（2）定期清园，严格控制无病区向有病区调种、引种，选育无病种苗。

（3）加强栽培管理，重视秋施有机肥，适当增施磷钾肥。起垄种植，注意排水。

（4）药剂防治。苗圃喷施波尔多液，喷 2 次，间隔 10~15 天。发病前，在 11 月气温开始下降时喷 1 次药。发病初期，每隔 10 天喷 1 次，连喷 2~3 次。可选药剂：靓果安 150~300 倍 + 沃丰素 600 倍 + 大蒜油 1 000 倍 + 有机硅 3 000 倍液、80% 多菌灵 1 500 倍液 + 有机硅 3 000 倍液。

河南省网友"春天的风"问：猕猴桃上是什么虫子？打什么药？

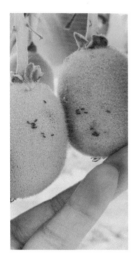

北京市农林科学院植物保护环境保护研究所　高级农艺师徐筠答：

从图片看，是发生了猕猴桃小薪甲，一种猕猴桃的鞘翅目害虫。

防治措施

掌握最佳防治期，在猕猴桃上刚出现时约 5 月 20 日和第一代的成虫虫口猛增前的 5 月 30 日、6 月 10 日喷药剂防治 2~3 次，间隔 10 天左右。可选药剂：1.8% 阿维菌素乳油 2 500~3 000 倍液、2.5% 功夫乳油 2 000 倍液、20% 速灭杀丁乳油 1 500 倍液。以上药剂加有机硅 3 000 倍液效果好。

二

果

树

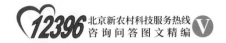

 北京市延庆区颜闫女士问：无花果树树枝叶脉间发黄，果实发软，是怎么回事？

北京市林业果树科学研究院　研究员　鲁韧强答：

从图片看，这棵无花果叶色及新梢生长正常，只有个别基部老叶发黄，分析症状应属缺镁表现。可适当浇一点 1% 硫酸镁溶液，或喷 3‰硫酸镁溶液进行矫正。

22 四川省网友"文心～枸杞"问：枸杞树根系腐烂是什么原因造成的？

北京市农林科学院植物保护环境保护研究所　高级农艺师徐筠答：

从图片看，是发生了枸杞根腐病。

发病原因：因为农事操作、大水漫灌、冻害、树体储备养分不足等多种原因导致枸杞茎基部受损，病菌乘虚而入造成侵染性病害，产生水肿，水分养分传输不畅，产生病症。

第三部分 粮食作物

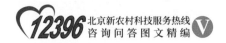

（一）玉　米

 云南省陈先生问：云南元谋种植甜玉米有条状斑痕，轻微失绿萎蔫，如何防治？

北京市农林科学院玉米研究中心　副研究员　尉德铭答：

从图片看，是发生了玉米粗缩病和矮化叶病毒病。

1. 玉米粗缩病

在生产上主要采取避开灰飞虱的迁飞高峰期、切断其侵染循环中的链条为主的综合技术措施。

防治措施

（1）农业防治。

① 及时拔除病株，适当晚至 5~6 展叶期定苗。

② 选用较耐病的品种。

③ 调整作物和品种生产布局，压缩麦田套种玉米的面积，做好小麦田毒源和灰飞虱的防治治理工作，减少病毒向玉米上转移。有条件的地方，可利用灰飞虱不能在双子叶植物上生存的弱点，在玉米周围种植大豆、棉花等作为保护带，拒灰飞虱于玉米田以外。采取适当的种植形式，播种期应使玉米幼苗感病期避开第一代灰飞虱成虫盛期，春播玉米尽可能适期早播，提前到 4 月播种；夏玉米适当晚播；蒜茬、油菜茬等半夏播玉米推迟到 6 月中旬或改播其他作物。结合分期间定苗拔除病株，清除杂草，加强肥水管理等。在病区，夏玉米应尽量改套种为直播。

（2）药剂防治。

玉米苗期喷施病毒抑制剂如菌毒清和病毒 A 等，发现病株及时拔除深埋，并喷施赤霉素等制剂，促进玉米快速生长。在传毒灰飞虱迁入玉米田的始期和盛期，及时喷洒 3% 啶虫脒乳油 2 000 倍液，或 10% 吡虫啉可湿性粉剂 2 000 倍液，并在药剂中加入 5% 菌毒清 100mL/ 亩，杀虫的同时，也起到一定的减轻病害作用。在病害重发区，一是可于玉米播种前或出苗前在相邻的麦田和田边杂草地喷施杀虫剂，如亩用 10% 吡虫啉 10g 喷雾，也可在麦蚜防治药剂中加入 25% 扑虱灵（噻嗪酮）20g 兼治灰飞虱，能有效控制灰飞虱的数量。二是若玉米已经播种或播后发现田边杂草中有较多灰飞虱以及春播玉米和夏播玉米都有种植的地区，建议在苗期进行喷药治虫，以 10% 吡虫啉 30g/ 亩 +5% 菌毒清 100mL/ 亩喷雾，既杀虫，又起到一定的减轻病害作用，隔 7 日再喷 1 次，连续用药 2~3

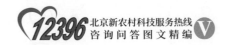
次可以控制发病。三是采用内吸性杀虫剂拌种或包衣，如100kg玉米种子用10%吡虫啉125~150g拌种，或用满适金（咯菌·精甲霜）100mL+锐胜（噻虫嗪）100g拌种，对灰飞虱的防治效果可达1个月以上，有效控制灰飞虱在玉米苗期发生量，从而达到控制其传播玉米粗缩病病毒的目的。

2. 玉米矮花叶病

防治措施

① 选用抗病、耐病品种：自交系黄早四具有很好的抗病性，其组配的杂交组合对矮花叶病表现抗病。

② 调节播期：使幼苗期避开蚜虫迁飞高峰期。

③ 加强田间管理：及时中耕除草，结合间苗，在田间尽早识别并拔除病株。

④ 治蚜防病：在矮花叶病常发区，可用内吸杀虫剂包衣，以控制出苗后的蚜虫为害。在玉米播种后出苗前和定苗前，用10%吡虫啉30g/亩+5%菌毒清100mL/亩喷雾，既杀虫，也起到一定的减轻病害作用。

02 北京市密云区网友"暖心"问：玉米苗发生畸形是怎么回事？

三

粮食作物

北京市农林科学院玉米研究中心　副研究员　尉德铭答：

从图片看，是除草剂药害造成的。如果田间这种苗占的比例很少，可以结合间苗间掉，如果占的比例较大，则需要酌情改种。

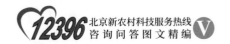

03 山东省青岛市网友"杰然不同"问：玉米小苗长势不好，是怎么了？

北京市农林科学院玉米研究中心　副研究员　尉德铭答：

从图片看，是发生了玉米纹枯病。

防治措施

发病初期每亩可用 5% 井冈霉素 100~150mL，或 25% 丙环唑乳油 10~15mL，或 25% 粉锈宁可湿性粉剂 10~15g，或 30% 苯甲·丙环唑乳油加水 30~45kg，对准发病部位均匀喷雾。如无上述药剂，也可选用 50% 甲基托布津粉剂 500~800 倍液，或 80% 多菌灵可湿性粉剂 500~800 倍液均匀喷雾。一般间隔 7~10 天再用药防治 1 次，连喷 2 次，提高药剂的防治效果。

04 湖北省襄阳市网友"听说 明天晴转多云"问：50亩玉米地里有很多小的杂草，能打除草剂吗？

北京市农林科学院玉米研究中心 副研究员 尉德铭答：

从图片上看，地里杂草不少，应该能打除草剂。但应注意防治时期，当前玉米苗偏小，应等3~5天再喷。一般情况下，喷苗后除草剂应在玉米出苗后2~5叶期（指玉米展开叶），杂草2~4叶期为宜，采用选择性除草剂。

可选择如下药剂：4%玉农乐悬乳剂50g/亩；55%耕杰（硝磺草酮、莠去津）悬乳剂100g/亩。以上药剂均对水30~40kg，地面喷雾。注意事项如下。

（1）施药前详细阅读使用说明书，严格按照操作说明使用。

（2）使用时正确掌握用药量、使用时期、使用方法。

（3）施药时间宜选择在10：00前，17：00后进行，持续高温天气避免用药。

三

粮食作物

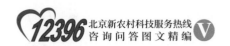
05 北京市延庆区农技员鲁女士问：玉米长小丫子，是怎么回事？

北京市农林科学院玉米研究中心　副研究员　尉德铭答：

从图片看，玉米出现分蘖，俗称长丫子，一般为正常现象。但图中分蘖较多，就不太正常了。这种情况出现的原因较多，可能与土壤干旱、灰飞虱或蓟马为害以及矮花叶病毒病因起玉米粗缩等原因有关，造成分蘖。

矮花叶病是病毒病，用一般的杀菌剂防治效果不佳，宜选用7.5% 克毒灵、病毒 A、83 增抗剂等抗病毒剂，并抓紧在发病初期施药，每隔 7 天喷 1 次。喷药时最好在药液中加入植物动力 2003、农家宝等叶面肥，以促进叶片的光合作用，增加植株叶绿素含量，使病株迅速复绿。实践证明，一旦发现田间有感病株，便立即施药并结合浇水追肥，可取得较好的稳产效果。

06 北京市房山区丁先生问：喜鹊等鸟类啄玉米地里的玉米苗，怎么办？

北京市农林科学院玉米研究中心　副研究员　尉德铭答：

可以使用驱鸟剂对鸟类进行驱除。驱鸟剂多数是绿色无公害生物型的，一般采用纯天然原料（或等同天然原料）加工而成的一种生物制剂，布点使用后，缓慢持久地释放出一种影响禽鸟神经系统、呼吸系统的特殊清香气味，鸟雀闻后即会飞走，在其记忆期内不会再来。也可以喷雾防治，原理是一样的。可到相关农药销售点购买。

三

粮食作物

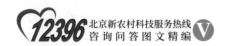

北京市延庆区农技员鲁女士问：玉米茎秆中间裂开，是怎么回事？

北京市农林科学院玉米研究中心　副研究员　尉德铭答：

从图片看，是虫害或人工操作过程中损伤造成的。如不严重，可把病株去掉即可；如发现蚜虫或蓟马严重侵害，可喷 10% 的吡虫啉防治。

08 云南省陶先生问：玉米叶片条状发黄，是什么病？如何防治？

北京市农林科学院玉米研究中心　副研究员　尉德铭答：

从图片看，是发生了玉米矮花叶病毒病。该病整个生育期都能感染，主要是蚜虫传播。

防治方法

（1）选用抗病、耐病品种。

（2）调节播期，使幼苗期避开蚜虫迁飞高峰期。

（3）加强田间管理，及时中耕除草，结合间苗，在田间尽早识别并拔除病株。

（4）治蚜防病。在矮花叶病常发区，可用内吸杀虫剂包衣，以控制出苗后的蚜虫为害。在玉米播种后出苗前和定苗前，用10%吡虫啉30g/亩+5%菌毒清100mL/亩喷雾，既杀虫，也起到一定的减轻病害作用。

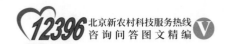

09 北京市延庆区鲁女士问：玉米地里的土蚕有什么好办法治理？

北京市农林科学院植物保护环境保护研究所　研究员　李明远答：

土蚕就是蛴螬。可用以下方法进行防治。

（1）农业防治。实行水、旱轮作；在玉米生长期间适时灌水；不施未腐熟的有机肥料。

（2）药剂处理土壤。用50%辛硫磷乳油每亩200~250g，加水10倍喷于25~30kg细土上拌匀制成毒土，顺垄条施，随即浅锄，或将该毒土撒于种沟或地面，随即耕翻或混入厩肥中施用；用2%甲基异柳磷粉每亩2~3kg拌细土25~30kg制成毒土；用3%甲基异柳磷颗粒剂、3%呋喃丹颗粒剂、5%辛硫磷颗粒剂或5%地亚农颗粒剂，每亩2.5~3kg处理土壤。

（3）药剂拌种。用50%辛硫磷、50%对硫磷或20%异柳磷药剂与水和种子按1∶30∶400~500的比例拌种；用25%辛硫磷胶囊剂或25%对硫磷胶囊剂等有机磷药剂或用种子重量2%的35%克百威种衣剂包衣，还可兼治其他地下害虫。

（4）毒饵诱杀。每亩地用25%对硫磷或辛硫磷胶囊剂150~200g拌谷子等饵料5kg，或50%对硫磷、50%辛硫磷乳油50~100g拌饵料3~4kg，撒于种沟中，也可收到良好防治效果。

（二）小 麦

北京市农林科学院杂交小麦工程技术研究中心　高级农艺师单福华答：

需要用排除法——进行病因排除。麦苗发黄可以由以下多种因素引起。

（1）肥烧造成黄苗。由于底肥没有腐熟，或种肥（化肥、微肥）施用过多的情况。

（2）药害。如拌种农药的浓度过大引起；除草剂药害等。

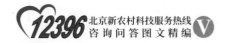
（3）渍害苗。一些地势低洼、开沟排水不良的田块，由于长期处于渍水状态，致使麦苗叶色发黄，严重的还会出现烂根死苗现象。

（4）发生金针虫为害。被害部常不全咬断，且断口不齐，常造成小麦地上部分心叶变黄萎蔫，造成缺苗断垄。防治以播种前颗粒剂土壤处理、种子处理和第二年春天4月初防治为主。

如果以上情况都不是，则有可能是由病害引起，外因是长期下雨，病菌滋生，根系呼吸不畅而引起。

能够引起小麦死苗的病害主要有：根腐病、纹枯病、赤霉病、全蚀病以及细菌性病害。

对苗期根腐病、纹枯病、赤霉病预防效果较好的，可用苯醚甲环唑、戊唑醇、咯菌腈等拌种。如果上述药剂拌种后还有死苗的，可以考虑是否是全蚀病与细菌性病害引起的。

全蚀病特效药剂是硅噻菌胺（全蚀净）拌种。

细菌性病害在田间有臭味，比较容易区别，细菌性病害不能靠拌种防治，防治药剂是氯溴异氰尿酸，喷雾要喷透或者淋根处理。

02 河南省网友"五省联合综合直供"问：小麦白化是什么原因？

北京市农林科学院玉米研究中心　副研究员　尉德铭答：

在自然状态下，绝大多数小麦苗是绿色的，偶尔有因遗传因素造成的白化苗出现，出现的概率约为万分之一。这种白化苗因没有叶绿素，不能进行光合作用，大多会在苗期死亡。麦苗白化还可能由缺乏微量元素、除草剂药害等原因引起。

有报道称，土壤缺铜会出现大面积白化苗，施铜肥后小麦白化苗现象消失，亩产量增加10%左右。铜肥施用方法有3种：种子处理、基施和根外喷施。基施铜肥，每亩用硫酸铜0.7~1kg，将硫酸铜混在细干土内，在播种前开沟施在播种行两侧，也可以与有机肥或氮磷钾肥混合施用。在沙质土壤上，最好与有机肥混施，以提高保肥能力。铜肥持效期较长，每隔3~5年施1次即可。拌种，按每千克种子用硫酸铜2~4g计算铜肥用量，将肥料先用少量水溶解，均匀地喷在种子上，拌匀，阴干后即可播种。浸种，将硫酸铜配成0.01%~0.05%的水溶液，即每100kg水加10~50g硫酸铜，将种子在溶液中浸泡24小时，捞出，阴干后播种。在苗期或开花前喷施，硫酸铜溶液浓度为0.01%~0.2%。春季结合防治纹枯病等病害喷施铜高尚等铜制剂杀菌剂也有一定的补铜效果。以上方法，可小面积试验后谨慎采用。

三

粮食作物

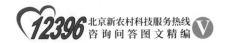

03 江苏省网友"木木"问：小麦长得瘦弱、叶片发黄是什么原因？如何改善？

北京市农林科学院杂交小麦工程技术研究中心　高级农艺师单福华答：

从图片看，麦苗田间都是地头发黄。说明出苗时土壤板结，车辙辘碾压的地方发黄都是正常现象。改善方法是播种前把地头用旋耕机旋 1 遍，施肥做到均匀，就能减少这种情况的发生。

04 北京市房山区农技员问：小麦可能是农药打多了，麦穗发黄，怎么补救？

北京市农林科学院杂交小麦工程技术研究中心　高级农艺师单福华答：

小麦农药打多了，造成药害，不好补救，如果赶上下雨，能自然减轻药害。如果面积不大，适当喷些清水可以减轻药害，如果面积大，需要酌情计算成本。

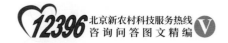
05 北京市网友"我想爱你"问：小麦田里长燕麦用什么药防治？

北京市农林科学院杂交小麦工程技术研究中心　高级农艺师单福华答：

防治方法

土壤处理：在小麦播种前可用 40% 的燕麦畏、50% 丙苄悬浮剂或 50% 异丙隆可湿性粉剂喷施。要趁表土墒情比较好均匀喷雾，施药后必须用圆盘货齿耙纵横浅耙地面。使药土混匀，才能发挥药效，迟耙则效果不好，耙深对小麦有一定安全风险。

生长期间：可在小麦越冬前，杂草出齐后，也就是小麦 3~5 叶期、杂草 2~4 叶期时用 50% 唑啉草酯乳油、30% 甲基二磺隆油悬乳剂、15% 炔草酸乳油、6.9% 精噁唑禾草灵悬浮剂等对水茎叶喷雾处理。采用精噁唑禾草灵时，要在浇完水后 2~3 天，田间相对湿度达到 80%~90% 进行，效果最好。

此外，春季第一水，可随尿素一起，用 40% 的燕麦畏每亩 200mL，边施肥，边浇水。以防治野燕麦出苗。春季第二水后，若还有野燕麦，可用骠马进行喷雾，最好在浇水后 2~3 天。若田间还有双子叶杂草，可加 70%2，4-D 丁酯乳油进行喷雾。

（三）其他作物

01 广东省网友"广东～胡萝卜，红薯种植"问：沙地红薯开裂是什么原因？

北京市农林科学院杂交小麦工程技术研究中心　高级农艺师单福华答：

红薯开裂，通常是因为生长时水分不均造成。地块长期干旱突然遇大水，引起薯肉组织快速生长，而表皮生长速度慢于内部而撑破表皮引起开裂。

土壤中养分元素不平衡，缺硼缺钙，膨大期土壤肥水偏大也易

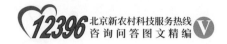
引起薯块外皮产生裂痕；重茬种植、营养不良也会导致红薯发生裂口。

另外，地下害虫为害，特别是钻蛀性的金针虫，破坏薯块表皮组织，导致受伤皮层崩裂，形成大的裂口。

预防措施

（1）注意均衡施肥，适时浇水，避免前期干旱后期大水的现象。

（2）及时防治病虫害，种秧之前可以用 10% 阿维噻唑膦对水稀释，蘸一下根，撒施阿维或毒死蜱颗粒剂预防地下害虫。

（3）种植脱毒品种，能较好地防止这种情况出现。

（4）配方施肥，施用均衡钙肥和硼肥能够有效促进肥效的吸收，可以预防开裂。

02 广东省网友"广东～胡萝卜，红薯种植"问：红薯叶子上有黄色片状斑点，是什么病？怎么防治？

北京市农林科学院杂交小麦工程技术研究中心　高级农艺师单福华答：

从图片看，像是甘薯缺素症，应该是缺镁。表现为叶脉仍保持绿色，但叶脉间出现白色或黄色斑点。

如果是点片发生，面积不大可以暂时不管，如果多处发生，建议第二年多施用充分腐熟有机肥、草木灰和多元复合肥或喷施微量元素肥料。

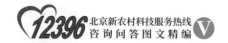
03 陕西省网友"小帖"问：红薯里面霉变是什么原因？怎么预防？

北京市农林科学院杂交小麦工程技术研究中心 高级农艺师 单福华答：

从图片看，是甘薯茎线虫病，也称糠心病，是检疫对象之一。

防治方法

（1）避免从病区调运种薯。

（2）重病地块实行轮作，甘薯、玉米、棉花相互轮作3年，基本可以控制为害。

（3）选用无病种薯，种薯用温汤浸种，苗床用净土或用呋喃丹颗粒剂 0.5kg/m² 处理，培育无病壮苗。

（4）药剂浸薯苗，50% 辛硫磷乳油或40% 甲基异柳磷乳油100倍液浸10分钟。

（5）药剂处理。土壤5%涕灭威颗粒剂，每亩用2~3kg，薯苗移栽时，施入穴内，田间有效期50~60天，可有效防治茎线虫病的发生，并兼治其他害虫。也可用3%甲基异柳磷颗粒剂每亩用3~4kg，拌适量土，施入穴内。

04 河北省网友"河北～种养接合"问：花生叶子上有白点，是怎么回事？

北京市农林科学院玉米研究中心　副研究员　尉德铭答：

从图片看，是跳甲类虫害引起的，发展不会很严重，可用辛硫磷或聚酯类药喷雾防治即可。

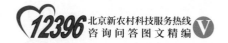

05 北京市密云区网友"雨露密云番茄种植"问：花生秧旺长，打什么药？

北京市农林科学院杂交小麦工程技术研究中心　高级农艺师
单福华答：

可以试试多效唑、矮壮素、缩节胺等，这些药都可以控制营养生长，促进开花结果。或使用花生专用高浓缩营养调控剂。如果花生主茎高不超过 45 cm，就不需要打药控制。如果主茎高超过 45 cm，可以采取药物控制。

06 北京市房山区农技员某女士问：种高粱之前杂草怎么去除？播种后能不能打封闭性除草剂？

北京市农林科学院玉米研究中心　副研究员　尉德铭答：

种高粱之前可以打百草枯，消灭比较大的杂草，播种后可以打封闭性除草剂阿特拉津，阿特拉津可作为高粱专用除草剂。

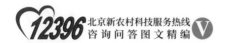

07 辽宁省盘锦市水稻种植户问：稻田里好多像野荷花一样的植物，如何防治？

北京市农林科学院杂交小麦工程技术研究中心　高级农艺师单福华答：

从图片看，这种植物不是野荷花，是慈菇，一种水生植物。

水稻插秧以后已经出土的慈菇，要在秧苗返青后使用药剂封闭灭草，没有封闭掉的慈菇，再进行茎叶喷雾处理。

（1）施药时间必须准确。一定要在秧苗彻底返青后，方可施药。彻底返青有 2 个指标，一是发出 9 条新根，根长 5cm 左右；二是第四片叶叶片长 8cm 左右。

在水稻彻底返青后，慈菇还没有串出水面，在水面以下，越早施越好。总之，施药最佳时期，看苗就是彻底返青，看草就是大小在水面以下，越早越好。

（2）药剂配方要合适。

配方一：丙草胺 1 000g+ 苯吡或苯苄 1 600~2 000g+ 吡扑西 750g/hm²

配方二：丙草胺 1 000g+ 苯吡或苯苄 1 600~2 000g+ 硝磺丙 1 800g/hm²

重度杂草用量用高量，中度杂草用量用低量，拌肥或土撒施。优秀的丙草胺有瑞飞特、稻盼、米旺等；苯吡或苯苄有稼佳保、田莠清、金稻、敬田等；硝磺丙有稻恋等。

（3）施药一定要均匀，计算标准用量；风大的天气不能施药；施药时水层5cm左右，不能淹没稻芯；施药时，应该把生物肥、奈丁酸、扩散剂同时带进去。

（4）慈菇苗后茎叶喷雾处理。对于没有封闭掉的、高岗地方的大慈菇，可以用药剂茎叶喷雾处理，理想的药剂有扫乐特、排草丹、夺阔丹、二甲灭，等等。

市场上有个产品称"帆邦一尺杀"，专杀野慈菇，对莎科草阔叶草有特效，用了之后第二年野慈菇少多了，可以拌土肥撒施，野慈菇太大可以喷雾，该药对水稻高度安全。

三

粮食作物

广西壮族自治区南宁市网友"广西～南宁～西瓜"问：
水稻种子催芽后出芽不出根，与使用咪鲜胺拌种浓度有
关吗？

北京市农林科学院杂交小麦工程技术研究中心　高级农艺师
单福华答：

常规使用25%咪鲜胺乳油2 000~4 000倍液，浸种48~60小
时。浸种后直接播种或催芽播种都是没有问题的。水稻出芽不出根
的现象，应该与咪鲜胺拌种关系不大，应当从催芽条件、温度等方
面找原因。

第四部分　花　卉

01 北京市海淀区某同志问：平安树叶子发黑，怎么办？

北京市农林科学院蔬菜研究中心　高级工程师（教授级）　周涤答：

平安树叶片出现失绿变黄直至出现黑斑，与植株生长势弱，同时，受到真菌为害有关。

通常室内养护容易出现光照不足，应满足其充足的光照条件；家庭养护长期浇灌自来水的情况，水的硬度较高，当土壤中盐分积累严重时，导致土壤碱性，造成根系养分吸收障碍。因此，应该用酸性水浇灌。现在是生长旺季，应每月施肥 1 次，入秋后，应连续追施 2 次磷钾肥。栽植土壤应疏松排水良好，经常松土，土壤黏性严重也会造成根系生长滞缓，影响长势。

真菌病害防治方面，应先剪掉有病斑的叶片或细弱、内部过密的枝条，喷洒细菌剂溶液，也可以待需要浇水时用稀释的杀菌剂溶液浇灌。

02 海南省网友"蝴蝶梦"问：海口大面积种植的平安树叶片黄、有斑点，是怎么回事？

北京市农林科学院蔬菜研究中心　高级工程师（教授级）　周涤答：

从图片看，园子疏于管理，表现在，枯枝落叶没有及时修剪和清理、密集生长的枝条影响通风和光照、有脱肥现象、受介壳虫为害严重、虫口密度非常大、植株生长势弱等。

目前应采取的措施。

立刻清园。剪掉有病虫害的枝叶，同时，应去除向内生长的细枝弱枝，兼顾株型调整进行修剪，及时将残枝落叶清理并集中销毁，杜绝虫体虫卵的繁殖传播。进行介壳虫防治。喷施叶面肥和结合灌溉施肥。

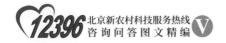

03 海南省网友"蝴蝶梦"问：平安树用什么药才能提高发芽率？

北京市农林科学院蔬菜研究中心　高级工程师（教授级）周涤答：

在温暖湿润的环境气候条件下，平安树扦插繁殖成活容易，一旦生根，生长迅速。不需用药，但要注重修剪整形。

整形要求：主干高 25~35cm，主枝 3~5 个，副主枝 3 个以上，均匀分布。树冠呈自然椭圆形，株型整齐、丰满。每年修剪 1~2 次，春梢萌芽前 10~15 天，对无分枝的单干苗，在距地面约 40cm 处剪顶，选留健壮、分枝角度及位置适合的 3~5 个春梢作为主枝，夏梢抽出后，每条春梢留 2~3 条夏梢作为副主枝，其余剪除。修剪以轻剪为主，同时，剪除弱枝、过密枝和病虫枝。

北京市农林科学院蔬菜研究中心　高级工程师（教授级）　周涤答：

从图片看，叶片有失绿的症候，叶片表面粗糙没有光泽，应是病毒病的为害造成。通常红蜘蛛、蚜虫是传播媒介，应做好防治。另外，缺肥特别是一些微量元素时也会造成植物缺陷，如缺硼会导致叶片粗糙，失绿。

05 海南省网友"蝴蝶梦"问：平安树黄叶，是水浇多了吗？修剪后施什么肥好？

北京市农林科学院蔬菜研究中心 高级工程师（教授级）周涤答：

造成黄叶的原因除了浇灌过多，造成根系呼吸受阻，根系损伤，还有其他因素，如过度干旱、缺肥或施肥过多过浓、雨季高温、通风不良、暴晒（小苗夏季高温季节应遮阴50%左右）等都会导致叶黄。可以根据具体的日常管理操作和环境因素判断具体的原因。另外，平安树在亚热带地区是常绿树，下层叶片老化变黄脱落也属正常的生长规律，与上述生理性损伤导致的叶黄还应加以区分。雨季避免积水，盆土要排水性良好，忌土壤黏重。盆土保持湿润即可。

在生长旺盛季节特别是雨季，需要定期施用叶面肥。每半个月应施叶面肥，除氮肥外，增施磷钾肥，如磷酸二氢钾，肥液总浓度不超过0.3%，需要薄肥勤施。

海南省网友"蝴蝶梦"问：平安树叶背上有斑点，是什么问题？怎么防治？

北京市农林科学院蔬菜研究中心　高级工程师（教授级）周涤答：

从图片看，整体植株生长正常。常绿植物下部叶片衰老，失绿是正常生理现象。叶背面有斑点是有蓟马等害虫宿存咬食留下的印斑。

应加强苗圃管理，定期清除残枝落叶，合理调整种植密度，加强通风，经常观察虫口密度，虫害防控应以预防为主。

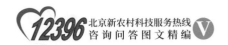
07 北京市孙女士问：富贵竹上白色的是什么虫子？怎么防治？

北京市农林科学院蔬菜研究中心　高级工程师（教授级）周涤答：

从图片看，是吹绵介壳虫。

防治方法

用竹片或牙签等工具剔除虫体，用软刷蘸肥皂水彻底刷洗；叶心部位不能去除的建议剪掉茎段，可以重新萌发新芽。之后发现个别虫体及时清除。

北京市延庆区吴女士问：富贵竹叶子长斑腐烂是怎么回事？

北京市农林科学院蔬菜研究中心　高级工程师（教授级）周涤答：

从图片看，富贵竹叶片薄、下垂，表明植株长势较弱。是长期缺光、通风不良造成的。

应加强通风，适当增加光照。同时，检查一下土壤，如果土壤黏重板结通透性差，应松土或换土。

叶缘到叶尖部出现明显的褐色黄色斑块，是受到真菌侵染，加之植株长势弱引发的叶斑病。去掉病叶，浇灌广谱性杀菌剂可以防治。

09 河北省网友"河北～郝～马铃薯"问：君子兰叶子半边枯死，是什么病？怎么防治？

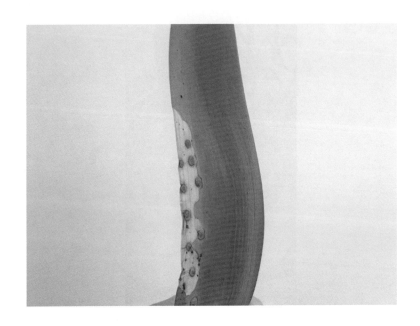

北京市农林科学院蔬菜研究中心　高级工程师（教授级）周涤答：

从图片看，是真菌引起的君子兰叶斑病。造成的原因通常是根际环境不利，如施用未腐熟的肥，施肥过多，土壤透气不良等。应尽早消除上述不利因素。例如，换土等。

化学防治

可以用 70% 甲基托布津可湿性粉剂稀释 600~800 倍溶液浇灌，间隔 7~10 天浇灌 1 次，连用 2~3 次。可与代森锰锌交替使用。

10 北京市平谷区某先生问：君子兰不开花是怎么回事？

北京市农林科学院蔬菜研究中心 高级工程师（教授级）周涤答：

君子兰开花通常是在冬季，不开花与缺肥、根际土壤条件等有关。君子兰生长的理想土壤是腐叶土，要透气透水性良好。平时浇灌随水浇灌稀液肥，也可用啤酒兑水浇灌。浇灌采用盆底阴水的方式，避免叶心进水。夏季高温君子兰进入休眠状态，最好至于室温阴凉通风的地方，忌强光直晒叶片受损。防积水，缺雨水时适当浇灌，但应降低浇灌频率。秋后温度低于10℃前应移入室内，置于光照良好通风的地方。秋冬是其生长旺盛期，增加肥水，适当补充磷钾肥，满足开花的需要。平时用柔软湿布擦拭叶片，保持叶表面清洁，促进光合作用。

四

花
卉

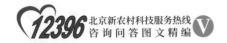
 北京市大兴区网友"某某"问：栀子花是冬天顶着花苞
买的，春天没开花，叶子出现焦边，怎么办？

北京市农林科学院蔬菜研究中心　高级工程师（教授级）
周涤答：

栀子花通常在环境干燥，缺水，缺肥，土壤碱性等会出现叶子
焦边，花苞打不开的现象。

（1）一般情况下，肥料养分要在酸性土壤条件下才能被植物正
常吸收。可按腐叶土 4 份、菜园土 4 份、豆粕（腐熟）1 份和河沙
1 份，加适量硫黄粉，配成含腐殖质较多的酸性土。夏季要放置散
光处养护，忌中午强光曝晒，否则，会使叶片变黄。

（2）生长期旺盛期，每隔 10 天左右施 1 次腐熟的人粪尿或饼肥，在施肥前 1 天应停止浇水，施肥的同时浇 1 次透水。9 月中旬起停止施肥。栀子花喜水，但因为要求土壤排水性好，因此，要勤浇灌，稀肥勤施。

（3）春天因风多、风大、空气干燥和降水稀少，每天观察土壤，做到及时浇水，并在放置盆花的周围每日早晚要洒水，以提高空气湿度。

（4）夏季入伏后天气炎热，上午要少浇水，14：00 以后浇透水。夏季以软水浇灌为宜，因硬水中含钙、镁盐类较多，这对栀子花的生长十分不利，轻则枝叶变黄，重则很快死去。为了克服土壤和水质的碱性，在生长季节里每周浇 1 次矾肥水或 3‰左右的硫酸亚铁溶液，使栀子花保持枝叶浓绿。

（5）冬季应控制浇水，不干不浇，长期含水量过多，易造成烂根死亡。浇水过多、受冻等，也会引起黄叶现象。

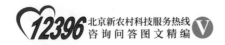

12 北京市何女士问：栀子花叶子发黄，依然开花是什么原因？

北京市农林科学院蔬菜研究中心　高级工程师（教授级）周涤答：

栀子花叶子黄了并不是就不能开花。应该说是开花期间因为前期施肥不足等原因造成根系养分供给不足或吸收障碍，导致叶黄。

可以采用随水浇灌稀薄肥液的方式补充，花期忌施浓肥。加强通风条件，浇水不能过多，盆土见干时，一次浇透。避免阳光直晒。

13 北京市东城区某同志问：买来的栀子花没换盆，花和叶子变成黄色，是什么原因？

北京市农林科学院蔬菜研究中心　高级工程师（教授级）周涤答：

从图片看，可能是以下原因。

（1）刚买回来的盆花需要适应新的环境，如居室环境与花卉市场密集摆放的植物小环境在湿度、光照、通风等有较大的差异，室内植物一般单独摆放，相对湿度较小。

（2）栽培土壤通透性差且浇水过多。栀子花应使用排水良好的土壤栽植。盆底层需要铺垫碎石或粗沙防止根部长时间过湿。土壤黏重排水不良会导致叶片变黄，花期变短，变黄衰败过快；

（3）俗话说"花无百日红"。如果看到有新芽不断生长，说明植株已经适应了新环境，可以放在阳光不直晒，通风好的位置。花期需要每周随水施稀肥液（硫酸亚铁1g和磷酸二氢钾2g，对水1L），花期不要换盆。

四

花

卉

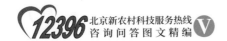

14 北京市东城区某同志问：买了 2 周的栀子花和茉莉花黄叶且长势不好，怎么养护？

北京市农林科学院蔬菜研究中心　高级工程师（教授级）周涤答：

从图片看，2 种花存在共性的问题是，土壤黏重排水不良导致叶片变黄，另外，长期浇灌中性或偏碱性的高硬度的自来水也会导致叶黄，养分吸收障碍，需要每周随水施稀肥液（硫酸亚铁 1g 和磷酸二氢钾 2g，对水 1L，），经常松土，花期不要换盆。日常放在阳光不直晒，通风好的位置。一般 2 周左右新叶萌出，可看到好转。

江苏省网友"丽水～西米露"问：凤尾蕨和肾蕨叶片变褐是怎么回事？

北京市林业果树科学研究院　研究员　鲁韧强答：

从图片上看，老叶片干边干尖严重，像是缺钾症。再加上当地连日高温，更加重了缺素叶片的焦灼程度。蕨类喜阴湿，晴朗高温天气应适当遮阴，并可向叶面喷施 0.3% 的磷酸二氢钾矫正。

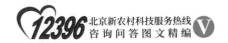
16 浙江省花农某先生问：新买的九里香叶子有点发黄，一碰就掉，是怎么回事？

北京市农林科学院蔬菜研究中心　高级工程师（教授级）周涤答：

从图片看，有缺肥的症状，掉叶可能是浇水过多。新买来的植株在新的环境需要 2 周左右的适应期。首先看看基质是否合适，九里香适宜在富含腐殖质的微酸性沙质壤土中生长，同时，需要微酸的土壤环境；在庭院中宜选向阳处栽植。初栽时需施基肥，在盆底加入适量磷钾肥或用腐熟的厩肥做基肥。日常管理上应根据九里香的"三怕"，即怕湿、怕曝晒、怕冷的特性，采取相应措施，怕湿即忌浇水过多，但喜空气湿润；怕曝晒则应置于半阴处；冬季气温低于5℃时，则应移入室内。

施肥应多用有机肥，而少用化肥。可选择腐熟的饼肥，直接将碎饼肥块施于土中，或泡水也可。及时疏除过密枝、徒长枝和重叠枝。浇灌应有规律，盆土见干浇水即可，浇水不宜过多，土壤过湿易引起落叶。花期浇水要适时、适量，才能保证多开花、开花香。

17 北京市房山区于女士问：仙客来长势不好，是怎么回事？

北京市农林科学院蔬菜研究中心　高级工程师（教授级）周涤答：

从图片看，仙客来叶黄是夏季高温时进入半休眠状态，应停止浇水肥，放在避雨通风的地方，地上部叶片会全部枯黄。可将充实的地下根茎留在盆内。待秋季凉爽时，一般8月底，9月初重新换土，施足底肥上盆进行栽植。一般2~3周萌发新叶。

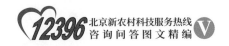
18 北京市房山区丁先生问：吊兰叶子发黄是什么原因？

北京市农林科学院蔬菜研究中心　高级工程师（教授级）
周涤答：

从图片看，是长期缺少光照，且通风不好造成的。应当移至靠窗附近通过良好的位置，增加散射光照；控制浇水频率，间干间湿；因为容器比较大，经常松土，避免土壤长期过湿。

19 北京市张先生问：双线竹芋叶子变黄是怎么回事？

北京市农林科学院蔬菜研究中心　高级工程师（教授级）
周涤答：

从图片看，花叶是下部叶片，植株上部新生及中部成熟叶片颜色，光泽，叶片姿态及植株长势状态良好。判断属于正常衰老导致，剪掉即可。

养护中目前最关键的是防止低温造成的冷害或冻害。环境温度不能低于12℃，避免强光长时间直晒。同时，保持通风良好。

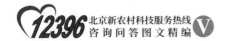

20 北京市房山区网友"大江茫茫"问：阳台上的矮牵牛，水肥管理正常，叶子尖发黄是怎么回事？

北京市农林科学院蔬菜研究中心　高级工程师（教授级）周涤答：

矮牵牛目前是生长旺盛期，而缺肥、浇水过多、光照不足、通风不良和病虫害为害等因素会导致叶片发黄。放置的位置和施肥（只要不是过浓造成肥害）规律应排除光照不足、通风不良和缺肥的情况。发黄的原因可能是受到叶螨的为害。仔细观察叶片是否舒展，一些发黄的叶部表面，枝条上是否有网状的东西，特别是叶背是否有浅黄或橘红色的，针尖大小的颗粒，触碰可移动。如果有，则是叶螨为害。另外，浇水过多容易造成烂根，也会导致下部叶片变黄萎蔫。

21 浙江省丽水市网友"丽水～西米露"问：非洲凤仙花叶子有黄白色的斑块，嫩叶黄白色，是什么原因？

北京市农林科学院蔬菜研究中心　高级工程师（教授级）周涤答：

从图片看，凤仙花叶色失绿，有脱肥的征兆。

可适当增加光照、加强通风、促进蒸腾；同时，检测基质 EC 值，因为盐分过高的话，阻滞养分吸收，应用微酸性水灌溉和配制肥液。

四

花

卉

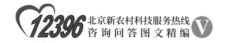

22 上海市刘先生问：石斛兰是怎么回事？

北京市农林科学院蔬菜研究中心　高级工程师（教授级）
周涤答：

　　从图片看，栽培基质有水苔、树皮树枝等应该没有问题，但仔细看，基质过湿，基质表面看到白色等菌丝，说明基质受到真菌污染，可能是基质过湿，通风不良造成。通常栽植前应将混合的基质材料浸泡 2 天，然后排去多余的水分，用湿润的基质保住根部，栽后 2~3 天不要浇水，让根系环境通透。

23 北京市海淀区某同志问：玻璃海棠叶子干边，是怎么回事？

北京市农林科学院蔬菜研究中心　高级工程师（教授级）周涤答：

从图片看，海棠叶片这种现象的发生通常是根出了问题。可能的原因是光照不足，长期缺光，表现是叶片薄，叶色浅，生长势弱。同时，浇灌过多，根系环境长时间过湿造成烂根，叶片发生干叶现象。从图中可以看出茎节间过长，印证是缺光导致的问题。

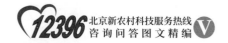

24 云南省网友"Alice"问：碗莲叶子上有斑点怎么办？

北京市农林科学院蔬菜研究中心　高级工程师（教授级）
周涤答：

从图片看，叶片有潜叶蝇或摇蚊为害的痕迹，也有真菌引起的褐斑病的症状；另外，植株长势弱，初步判断有生理性生长停滞。

可以用杀虫药正常浓度，喷到水里。一次可能不行，可以多次使用。用多菌灵或 80% 代森锰锌 500 倍液喷洒叶片防治真菌性病害。

生理性生长停滞造成的原因有莲的根系生长的容器太小，根系无法正常伸展，造成养分不足；同时，刚刚入土的幼莲长出浮叶时，以深 3~5cm 为宜，水太深，不利于光合作用，随着立叶长出逐渐提高水位。

另外，需要注意水温，加水时应以晒过 2 日的水为宜，切忌自来水或洗菜水直接浇灌。

25 北京市房山区长沟陈先生问：芍药得了白粉病打什么药？

北京市农林科学院植物保护环境保护研究所　高级农艺师徐筠答：

芍药白粉病防治措施。

在病梢刚出现白粉时喷药1次，即有良好防效。可选用的农药品种如下。

（1）20%粉锈宁乳油1 500~2 000倍液。

（2）40%福星乳油8 000~10 000倍液。

（3）10%世高水分散粒剂5 000倍液。

（4）晴菌唑可湿性粉剂8 000~10 000倍液。

以上药剂可加有机硅3 000倍液效果好。

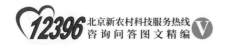
26 北京市金先生问：用什么样的肥能使非洲菊开花大、分枝多？

北京市农林科学院蔬菜研究中心　高级工程师（教授级）周涤答：

菊花营养生长期可施用 N：P：K 为 8：1：4 的水溶性肥料，结合每 2 周喷施 1 次 0.1% 的尿素和磷酸二氢钾混合液叶面肥；生殖生长期施用 N：P：K 为 15：8：25 水溶性肥料，并且每 20 天喷施 1 次 0.1%~0.2% $Ca(NO_3)_2 \cdot 4H_2O$、0.1%~0.2% 的螯合铁加 0.1%~0.2% 的硼砂和 0.001% 的钼酸钠混合液叶面肥。施肥浓度使 EC 值保持在 1.2~1.6，浇水施肥以见干见湿为原则，并根据气候条件和生长阶段适当调整，春季、秋季生长旺期，可适当加大肥水促进生长。夏季高温期或冬季低温期，则以保根促壮为主，适当控制浇水，控制氮肥，增施磷、钾肥。

第五部分　土　肥

01 湖北省网友"听风细雨"问：想开发废菌棒做有机肥，怎么做合适？

北京市农林科学院植物营养与资源研究所　研究员　张有山答：

废菌棒中含有不少的可利用的养分，经过发酵后可以作为肥料应用。如果和有机肥配合使用，必须要经过发酵。两者结合发酵时，先要把菌棒上的塑料袋扯掉，而后把菌棒捣碎然后和有机肥混拌均匀。其发酵办法等同有机肥的发酵办法，即控制好水分温度等条件。有的采用菌液的发酵办法，发酵时间短发酵质量也好，但菌液要买增加投资成本。要是有机肥多的话，可以多加，有机肥所占的比例不得低于一半。

02 山东省聊城市网友"山东聊城～二军"问：闷棚后施菌肥好，还是冲施枯草芽孢杆菌好？

北京市农林科学院植物营养与资源研究所　研究员　张有山答：

枯草芽孢杆菌是一种多功能微生物多用于饲料，对某些致病菌有明显的抑制作用，常用于水产业。它也可以与某些菌种混配制作微生物肥料即所谓菌肥用于农作物。

应当说，闷棚后还是施菌肥好。因为菌肥是经过一定的制作工艺，如温度、菌种纯度和适宜的培养基等条件，其中，还混配其他有益微生物制作而成。而单一的枯草芽孢杆菌直接冲施到土壤中会遇到各种不利它生长繁殖条件，如土壤酸碱度和水分。另外，虽然经过闷棚但土壤中依然还会有杂菌存在抑制它的生长繁殖，从而大大降低它的作用。

五

土
肥

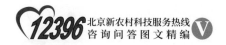

03 北京市通州区马先生问：鸡粪会不会导致土壤板结？

北京市农林科学院植物营养与资源研究所　研究员　张有山答：

引起土壤板结的原因，多是由于土壤中有机质含量低、耕作方法不当、长期使用硫酸铵肥料等原因造成的。鸡粪属于有机肥料，要经过充分发酵，鸡粪中含有较多的有机质，有利于改善土壤结构，正常情况下不会导致土壤板结。

04 北京市东城区沈女士问：阳台盆栽种植的蔬菜施什么肥好？

北京市农林科学院植物营养与资源研究所　研究员　张有山答：

阳台盆栽种植蔬菜使用经过充分发酵的有机肥为好，它不但可以为作物提供养分而且可以改善土壤的理化性质，保持适宜作物生长的松紧度，提高土壤的保肥保水能力，对于提高蔬菜品质也有好处。但要注意，所用的有机肥一定是发酵好的，没有发酵好的有机肥有臭味影响环境卫生，更严重的是在一定的水分、温度条件下自行发酵产生的热量会烧作物根系，甚至可以把作物烧死。

五

土

肥

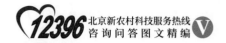
05 山西省网友"山西～小王"问：鸡粪怎么进行简单发酵？

北京市农林科学院植物营养与资源研究所　研究员　张有山答：

鸡粪的发酵方法可分为速效发酵和一般发酵 2 种。

速效发酵是通过鸡粪发酵剂进行发酵，发酵剂可从市场购买，发酵期半个月左右，发酵方法可参照产品说明书。

一般发酵主要是自家让鸡粪发酵，其方法如下：首先将鸡粪掺些秸秆粉拌匀后再加水调至含水量 60% 左右，判断含水量的方法是用手抓能成团，松手落地能散开为宜；再把经过处理的鸡粪装入塑料袋，如有稀薄的人粪尿添加些更好，而后扎紧口袋放在背风朝阳地方进行密封发酵。发酵时间和气温有关，夏天要 1 个月左右，冬天要 3 个月以上。可以通过检测发酵物的温度来判断是否发酵完成，当发酵物内部温度达到 70℃左右，再过 1 周时间即可完成发酵阶段。也可从发酵物的颜色和气味来判断，若粪便呈黄绿色，臭味变小而略带酒酸味则说明发酵完成。发酵好的鸡粪应该是把绝大部分的草籽和虫卵杀死。

辽宁省网友"国益生物"问：如何辨别有机肥、菌肥是否完全腐熟？

北京市农林科学院植物营养与资源研究所　研究员　张有山答：

有机肥是否完全腐熟主要从气味、颜色和温度形态等方面来判断。若有机肥基本无臭味而略带酒香味，颜色变成黄褐色，同时，经过70℃上下的高温后形态由大块变成小块，质地比较松软散落，则说明有机肥完全腐熟。

菌肥分2种，一种是菌剂类产品，如固氮菌类、磷细菌类等；另一种是菌剂与营养物质经过复合而成的菌肥。前一种用量每亩不超过2kg，后一种每亩不超过10kg。菌肥是工业产品，制作有严格的技术要求，如酸碱度、水分、温度和对杂菌数量的要求，一般为了保证菌肥质量不提倡个人制作。合格的菌肥每克产品中有效活菌数不少于1.2亿个，杂菌率液体小于或等于10%，颗粒要小于或等于3%。

菌肥是产品，是菌剂和培养基等经过加工处理的产物，它是不需要发酵腐熟的，若发酵会将有益微生物杀死。而草炭、秸秆要先经过腐熟处理后再和菌剂一起腐熟形成有机肥，如不腐熟会因在土中二次发酵产生高温烧苗或长草。

五

土
肥

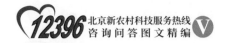

07 广东省草莓种植户问：未发酵的花生麸穴施烧苗了，怎么办？

北京市农林科学院植物营养与资源研究所　研究员　张有山答：

有机肥、秸秆及各种有机物料必须经过充分发酵才能使用，若直接使用会为土壤引入病虫害和草害，或有机物料在地里发酵，产生高温烧苗。现在已经发生了烧苗现象，没有太好的解决办法。

建议

（1）先估计一下受害的程度，如受害面积达到一半以上就不要等了，建议改种其他作物。

（2）如果受害面积不大，可试着对受害苗浇水，但一开始水量不要太大。浇水前先把苗根部的土扒开后再浇，浇水是为了稀释土壤中溶液浓度，改善苗的生长环境以利其恢复生长。浇水后观察其变化，如有好转再浇水直至正常生长为止。

08 新疆维吾尔自治区网友"新疆库尔勒农夫"问：利用日常生活厨余垃圾自制肥料的方法和过程是什么？

北京市农林科学院植物营养与资源研究所　研究员　张有山答：

利用生活厨余垃圾完全可以制作肥料，这里介绍一种液体沤肥的方法。

容器：带盖的大可乐瓶；

材料：厨余垃圾、红糖与清水（比例为 3：1：10）。

制作过程

首先，将厨余垃圾进行破碎，越碎越好；其次，在容器中装入部分清水（总水量的一半），将红糖倒入水中，搅匀融化后，装入粉碎好的厨余垃圾，轻轻搅匀，使所有垃圾浸于水中，再加入剩余的清水；最后，旋紧胶瓶盖，并在瓶身注明日期。注意加水时，事先计算好容器空间，最终不要加的太满，达到总容积的 2/3 即可。

发酵瓶置在室内阴凉、通风之处，避免阳光直接照射，进行自然发酵。制作过程中的第一个月会有气体产生，每天都需将瓶盖旋松 1 次，释出因发酵而膨胀的气体，并把浮在液面上的垃圾搅拌下去，使其浸泡在液体中，之后再旋紧瓶盖。1 个月之后应该就不会再有膨胀的气体。继续静置至 3 个月以上即可。

施用时取上清液，按 300~500 倍液的比例与清水进行混匀，即可浇灌使用。

注意事项

（1）避免或少量使用鱼、肉或油腻的厨余垃圾，否则，会有腐

五

土

肥

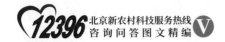

臭味。

（2）容器需保有 1/3 以上的发酵空间。

（3）发酵的前 1 个月，应每天开盖放气，避免气体过多而爆罐。

（4）若一时无法收集足够分量的鲜垃圾，可陆续加入鲜垃圾，3 个月的期限由最后 1 次加入当天算起。

（5）如果希望制作出来的液体肥有清香的气味，可加入橘子皮、柠檬皮等有香味的蔬菜果皮。

09 北京市通州区马先生问：菌肥和有机肥各有什么特点？如何施用？

北京市农林科学院植物营养与资源研究所　研究员　张有山答：

菌肥属于生物肥料，它是通过有益微生物的生命活动拮抗有害微生物，促进土壤中养分转化增加土壤肥力，它分为固氮菌、磷细菌、钾细菌等单一菌肥。有机肥既能为作物提供全面养分又能改善土壤的理化性状，提高土壤的保水保肥能力，是农作物高产的必备肥料。细菌肥料绝不能替代有机肥料。

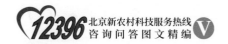

10 北京市通州区马先生问：复混肥料是土表撒施、条施好，还是穴施好？

北京市农林科学院植物营养与资源研究所　研究员　张有山答：

复混肥是利用已有化肥经过简单的物理加工按一定比例进行混配而成。其中，氮肥多是用的颗粒尿素，它暴露在阳光下会产生挥发损失，其他的磷肥、钾肥也会损失。因此，复混肥的使用最好要开沟或穴施，而不提倡表面撒施。

北京市农林科学院植物营养与资源研究所 研究员 张有山答：

一般情况下，我国北方地区在解放初期土壤中是不缺钾的，因为当时施用有机肥较多，同时，作物产量低，加之北方不像南方地区降水多导致钾淋失较多，故当时北方土壤中钾含量相对来说比南方要多些。随着北方复种指数的提高和单产的增加，从土壤中吸走的钾越来越多，但有机肥用量没有增加，同时，我国的钾肥主要靠进口，价格高，农民用钾肥少，致使北方包括北京市地区土壤中钾就缺了。有些作物如水果、蔬菜等，由于缺钾而影响了品质和产量，所以，现在北京市地区在作物施肥时钾肥是不可缺少的。

五

土

肥

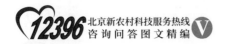

12 山西省网友"山西～小王"问：羊粪、鸡粪、猪粪怎么发酵？

北京市农林科学院植物营养与资源研究所　研究员　张有山答：

畜禽粪发酵可分为人工自然堆肥和加入发酵剂快速发酵2种方法。

发酵剂发酵是在有机肥中加入厂家制作的发酵剂，在较短的时间内完成发酵，其方法按发酵剂的产品说明操作即可。购买时可根据要发酵的有机肥种类，如羊粪就选羊粪发酵剂，猪粪就选择猪粪发酵剂。

人工自然发酵是让有机物料自然发酵，其方法以猪粪为例：首先将猪粪掺些秸秆粉拌匀后再加水调至含水量60%左右，判断含水量的方法是用手抓能成团，松手落地能散开为宜；其次再把经过处理的猪粪装入塑料袋，如有稀薄的人粪尿添加些更好，而后扎紧口袋放在背风朝阳地方进行密封发酵。一般密封发酵两周左右，冬天时间要长些。当粪便呈现黄绿色略带酒酸味时表明发酵完成。羊粪、鸡粪的发酵方法与猪粪发酵大致相同。总之，要发酵好，要掌握好温度和湿度，特别是冬天温度的控制更显重要。

第六部分　食用菌

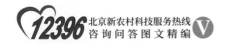

01 内蒙古自治区赤峰樊先生问：滑子菇菌包是什么杂菌？
怎么防治？

北京市农林科学院植物保护环境保护研究所　研究员　陈文良答：

从图片看，滑子菇菌包是被链孢霉菌、毛霉菌和黑根霉菌污染了。造成污染的原因是多方面的。

防治方法

（1）把污染的菌袋从培养室淘汰出去，进行深埋或者烧毁，避免杂菌继续蔓延。

（2）把培养室的温度控制在 22~25℃，温度不宜过高。

（3）培养环境要加强通风换气，保持相对干燥的培养条件。

（4）培养室或菇房用必洁仕牌二氧化氯消毒剂 3 000 倍稀释液喷雾防治，每周 1~2 次。

（5）今后制作菌袋时，一定要热力消毒彻底，确保消毒的时间和压力，避免因消毒不彻底而造成菌袋污染。

02 河南省网友"彩屏"问：种植的香菇菌棒为什么不怎么出菇？

北京市农林科学院植物保护环境保护研究所　研究员　陈文良答：

从图片看，菌棒没有彻底转色，这种菌棒一般出菇较少。

出菇需要一定的条件，要求菇房温度 12~20℃，空气相对湿度 90% 左右，能够满足出菇的要求。当前气温高，不容易出菇，天气转凉后，菌棒自然就出菇了。

如果菌袋缺水，可以注水或者浸泡菌棒，促进出菇；昼夜温差大，能够刺激出菇。在实际管理中，要创造上述有利于出菇的条件，使其菌棒出菇。这些措施在天气转凉后采取，效果明显。

六

食用菌

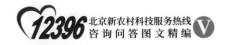

03 河南省网友"河南农民"问：香菇夏季种植技术要点有哪些？

北京市农林科学院植物保护环境保护研究所　研究员　陈文良答：

香菇夏季种植需要掌握下列技术要点：

（1）夏季种植要选择耐高温的香菇品种。如 L808、灵香 1 号、雨花 3 号、武香 1 号、南山 1 号、香 93（1）、香 28、L18 等品种。其中，前 3 个品种产量高，品质好，耐高温，种植效果最好。

（2）在温室或者小拱棚内种植，塑料布上覆盖草帘和遮阳网，避免夏季阳光直射。如果把温室或者小拱棚建造在树林下面，进行林下栽培，遮阳效果会更好，值得提倡。

（3）加强通风换气，避免菇棚内高温引起的菌袋污染。夏季种植香菇，菌袋容易污染。如果菌袋出现污染现象，要加大通风换气力度，降低棚内温度；用必洁仕牌二氧化氯 3 000~5 000 倍稀释液喷雾防治，避免污染事态扩大。

（4）香菇菌袋缺水时，要及时注水补水。一般在出菇 1~2 潮后，菌袋含水量明显偏低时进行注水。注水的程度同装袋时的含水量相似，注至含水量达到 55%~58% 时为止。一般使用注水器注水。如果使用浸泡的方法增加菌袋含水量效果会更好，浸泡菌袋时间达 12~24 小时即可。

（5）注水或者浸泡补水后，要给予 20~25℃的温度进行养菌7~10 天，不用浇水，并且要通风换气，散射光条件，让其养菌后，再进行出菇。

04 河南省网友"河南农民"问：香菇催菇时能同时采用温差刺激和菌袋补水吗？

北京市农林科学院植物保护环境保护研究所　研究员　陈文良答：

香菇催菇过程中，温差刺激和菌袋补水不要同时进行。香菇催菇需要温差刺激的方法，拉大昼夜温差，有利于香菇出菇；若与菌袋补水同时进行，反而不利于刺激出菇。

在香菇出完 1~2 潮菇后，如果菌袋失水过多，需要补水时，再行补水。

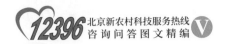

05 山东省网友"jgb"问：甜菊甜苷渣适合栽培什么菇？

北京市农林科学院植物保护环境保护研究所 研究员 陈文良答：

甜菊甜苷渣可以种植平菇、金针菇、鸡腿菇等多种食用菌。如果想种植大球盖菇也可以，但单一使用甜菊甜苷渣效果不好，要添加50%以上的锯末等原料进行栽培，才能获得较好效果。

06 河北省慈先生问：蛹虫草被链孢霉菌污染了，怎么防治？

北京市农林科学院植物保护环境保护研究所　研究员　陈文良答：

蛹虫草被链孢霉菌污染，可用以下方法进行防治：

（1）把链孢霉菌污染的培养料淘汰，移出菇房处理掉（烧毁），避免继续繁殖侵染，造成新的为害。

（2）蛹虫草培养和出菇期间，控制温度，加强通风换气。通风不够，空气不流通，极易造成杂菌的污染。培养蛹虫草的房间要开窗和开门，以利于通风换气。房间温度要控制在 20~22℃，培养温度不宜过高。

（3）使用药剂防治。使用必洁仕牌二氧化氯消毒剂防治。在没有蛹虫草子实体生长时，使用本消毒剂熏蒸，每立方米用药 0.25g，即 1 片 A 剂药片，熏蒸 3m³ 的空间。如果污染严重的菇房，可以加大熏蒸用量，每立方米用药 1.0g。A 剂：B 剂的使用比例为 1:5。

在有蛹虫草子实体生长时，熏蒸可能对子实体生长造成不良影响。这时，可以使用本消毒剂 3 000~5 000 倍液喷雾防治，药液喷洒均匀，防治效果比较好，对子实体生长没有不良影响。

六

食用菌

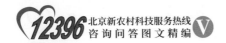

07 浙江省叶女士问：培养的蛹虫草为什么老污染杂菌？

北京市农林科学院植物保护环境保护研究所 研究员 陈文良答：

培养室和菇房应该用必洁仕牌二氧化氯消毒剂熏蒸消毒，然后再应用。用药量每立方米 0.25g 熏蒸。若污染比较严重，每立方米可以用药 1g 熏蒸，也可以用必洁仕牌二氧化氯消毒剂 5 000 倍液喷雾防治。

根据情况，覆盖的薄膜没有消毒是污染的重要原因。覆盖的薄膜必须消毒。

薄膜的消毒方法：

（1）应用高压消毒的方法，薄膜放在消毒锅内，在 126℃条件下，消毒 1 小时以上。

（2）高压锅放不下的薄膜或者塑料布，用 3 000 倍液的必洁仕消毒剂浸泡 2 小时以上。薄膜消毒后，再应用。

08 海南省网友"彩霞"问：香菇菌袋为什么不出菇？怎么解决？

北京市农林科学院植物保护环境保护研究所　研究员　陈文良答：

菇房温度在25℃左右，不适合出菇。当温度降低到20℃以下时，才能出菇。可以加强菇房覆盖，加强通风换气，把温度降下来。在温度降下来时，通过菌袋浸泡，或者注水的方法，增加菌袋含水量，拉大昼夜温差，给予散射光照，创造有利于出菇的条件，促进出菇。

菌袋出现杂菌污染时，可以通过通风换气的方法，降低空气湿度，控制污染；同时，使用必洁仕二氧化氯消毒剂3 000~5 000倍液喷雾防治，每周均匀喷雾1次，对各种杂菌有很好的防治效果。

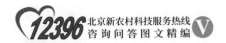

09 河南省网友"河南农民"问：香菇棚里安装 LED 灯，有什么作用？

北京市农林科学院植物保护环境保护研究所　研究员　陈文良答：

香菇棚安装 LED 灯只是采光的作用。如果菇房光线不够，可以安装采光；如果光线充足，就不用安装。安装 LED 灯只在光线不足的情况下才起到有利于香菇生长的作用，因此，到底安装还是不安装，需根据菇房光线情况具体确定。

10 河北省赵先生问：平菇菌盖有的变成黄色，是什么问题？

北京市农林科学院植物保护环境保护研究所　研究员　陈文良答：

平菇菌盖变黄可能是平菇的黄斑病，在高温高湿的情况下容易发生这种细菌性病害。

防治措施

（1）加强菇房的通风换气，使菇房温度降低到20℃以下，空气相对湿度降低到80%~90%。

（2）菇房喷水要控制，不要喷大水，不要直接向子实体上面喷水。

（3）在菇房内喷施3 000~5 000倍液的必洁仕牌二氧化氯消毒剂，喷雾要均匀，每周喷1次，防治细菌病害的继续发展和蔓延。

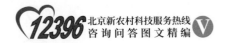

11 黑龙江省白先生问：黑木耳菌袋黄曲霉污染，怎么防治？

北京市农林科学院植物保护环境保护研究所　研究员　陈文良答：

防治措施

（1）消毒要彻底，菌袋污染主要是常压灭菌温度不够，时间偏短所致。建议在100℃情况下消毒16小时以上，以达到菌袋消毒彻底的目的。

（2）污染菌袋不能重新消毒再用，因为消毒不彻底，会造成新的污染。

（3）污染的菌袋，要拿出培养室处理，避免新的侵染。

（4）培养室和菇房要通风换气，温度保持在20~22℃，温度不要太高。

（5）培养室、菇房可以用必洁仕牌二氧化氯消毒剂熏蒸或者喷雾消毒。熏蒸每立方米用药0.25g，喷雾用5 000倍稀释液。

12 北京市李女士问：平谷桃树枝比较多，能否用来种植食用菌？

北京市农林科学院植物保护环境保护研究所　研究员　陈文良答：

桃树枝粉碎成锯末，可以用来种植食用菌。用桃树锯末 78%、麦麸 20%、石膏粉 1%、蔗糖 1%、含水量 60% 的配方，能够种植香菇、金针菇和杏鲍菇等食用菌品种。如果不用蔗糖，可以用玉米面替代，也可以种植上述食用菌。

可以在桃树低下进行林下栽培，也可以利用日光温室和大棚种植。

要发展食用菌产业，必须掌握食用菌的制种和栽培技术，由小到大，逐渐发展。

北京新农村科技服务热线
咨询问答图文精编 Ⅴ

第七部分　畜　牧

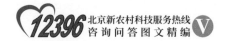
（一）家　畜

 四川省巴中市通江县李先生问：牛下崽，胎衣下不来，是怎么回事？

北京市农林科学院畜牧兽医研究所　助理兽医师　赵际成答：

牛的子宫结构易造成母牛产犊后发生胎衣不下的情况。大部分胎衣不下的情况是胎衣排出一半后，悬挂于水门外，几日不落，而胎衣完全不排出的较少见。在产犊后如果发现胎衣排出困难，可以肌注催产素 2~4mL。如果注射催产素后胎衣仍然不能排出，就必须手工剥离。

剥离方法：手臂消毒后，探入母牛子宫内，找到胎盘位置，用食指和中指夹住胎盘根部，用拇指轻轻拨开胎盘。剥离胎盘要由外而内，逐个剥离，动作要轻柔，操作时注意观察母牛，防止母牛移动弄伤操作人员。如果发现胎衣已经出现腐败现象，在排出胎衣后，要用来苏水冲洗子宫，并肌注青链霉素，连续 3 天，同时，每天监测体温变化。

02 湖北省宜昌市施女士问：山羊得了胀气病，肚子鼓鼓的，怎么办？

北京市农林科学院畜牧兽医研究所　助理兽医师　赵际成答：

可将羊选右侧朝上侧躺，在最后 1 根肋骨的最边缘，用穿刺针穿刺放气。放气速度要慢，放气后口服中药制剂消胀灵。如果是急性胃鼓气，有可能是发生了胃肠扭转，在采取放气措施后应尽快手术矫正，并注射抗生素，连续 3 天。如果是习惯性鼓气，有可能是饲料消化不良，应该调整饲料配方，降低精饲料喂量。

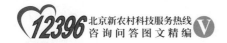
03 北京市怀柔区农技员刘女士问：几只山羊耳朵后长乒乓球大小疙瘩，注射青霉素和链霉素无效，怎么办？

北京市农林科学院畜牧兽医研究所　助理兽医师　赵际成答：

如果是瘤，只能是手术切除，但是瘤不太可能几只同时出现。

如果不是瘤，可用注射器刺入疙瘩中抽吸，看看能不能抽吸出东西或液体来。如果是感染造成的，可以用兽药店开的药物。这个季节，比较常见的是蚊虫叮咬造成的感染，尤其是蜱虫。如果山羊是放养，应该把驱杀蜱虫作为重点。不管是什么原因，只要能吸出东西来，就应该每天吸 1 次，吸净内容物再用药，否则，是没有好的效果的。

如果确实是瘤，用个土办法试试，就是用皮筋勒住瘤根部，人为断血，瘤会自己脱落，这种方法只适用于普通瘤。

04 河北省网友"河北～种养接合"问：奶羊得了乳房炎怎么治？奶几天以后可以食用？

北京市农林科学院畜牧兽医研究所　助理兽医师　赵际成答：

治疗乳房炎比较方便的方法是用青链霉素封闭注射，结合冷敷热敷。首先确定乳房发炎的范围，将青霉素和链霉素各1只，用地塞米松磷酸钠加安痛定加注射用水混合，沿乳房炎症和正常边界部位一周分点注射，每天1次。如果是炎症初期，可以用冷毛巾敷炎症部位，减少炎症渗出；如果是中后期，用热毛巾热敷，促进炎症吸收，每天3~4次。另外，每天要把乳房内的乳汁挤净丢弃。在炎症康复后，需要停药1周以后，乳汁才可食用。

七

畜

牧

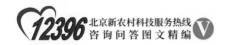
05 北京市陈先生问：狗细小病毒病如何防治？

北京市农林科学院畜牧兽医研究所　助理兽医师　赵际成答：

细小病毒病的典型症状就是严重的腹泻，无法控制的剧烈呕吐，最后因为病毒血症和严重的脱水和酸中毒或碱中毒死亡。细小病毒感染没有季节性，也没有年龄差异和性别差异，多大的年龄都可以感染，但品种之间存在差异。通常德国黑背犬更容易感染，而且黑背对本病抵抗力差。细小病毒在自然环境中的抵抗力很强，一般情况下，得过细小的环境，2年之内都不宜养犬。

疫苗对细小病毒有很好的免疫作用，推荐荷兰英特威公司进口的犬四联苗，免疫效果很好。小犬免疫3次，通常在45~50日龄免疫第一针，之后每间隔15~20天加强免疫1次。一年以后，即成年后每年免疫1次。成年犬免疫比较简单，每年免疫1次。如果成年犬从来没有免疫过，建议免疫2次，间隔20天。

狗舍消毒建议选用过氧乙酸或者是火碱，价格低廉效果还好，但是消毒的时候要做好人身防护。也可以选用百毒杀消毒，但是个人认为，发生过疫情的环境，百毒杀效果不如过氧乙酸和火碱。

（二）家　禽

浙江省衢州市网友"浙江衢州农民二代"问：小鸡的脖子和头都肿着，会不会传染？

北京市农林科学院畜牧兽医研究所　助理兽医师　赵际成答：

从图片看，小鸡粪便正常，如果小鸡采食正常，只有这一只小鸡出现这种情况，应该是属于个体病例，不会有传染性。从肿胀部位看，怀疑是小鸡免疫注射时发生了感染，可取一支 2mL 新的灭菌注射器，刺入肿胀部位抽吸，看看能否抽吸出液体，并看看液体颜色。如果是抽吸出了红色液体，或者是脓液，可以将肿胀内的液体抽吸干净，然后再注入抗生素，并用酒精在注射部位消毒，每天操作 1 次。也可以在肿胀部位体位低点，剪毛后，用消毒后的手术刀开一小口，人为造成开放伤口，这样，每天产生的炎性分泌物会自己流出，每天要用双氧水对开放伤口内外消毒清洗，同时，每天投喂抗生素。

注意，在以上方法的基础上加强环境消毒，防止继续感染。

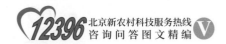
02 内蒙古自治区巴彦淖尔市网友"巴彦淖尔市葵花之乡"
问：马立克疫苗如何给自家孵化的小鸡使用？

北京市农林科学院畜牧兽医研究所　副研究员　初芹答：

购买正规大厂家的马立克疫苗，按说明书，在雏鸡出生第一天，颈部皮下注射即可。马立克疫苗要求储存在液氮中，购买疫苗请注意保存好。

北京市张女士问：散养的柴鸡下的蛋，为什么蛋黄颜色发白？

北京市农林科学院畜牧兽医研究所　副研究员　初芹答：

蛋黄发白主要是由于提供的饲料中叶黄素、胡萝卜素或其前体物质少，因此颜色较浅。例如，使用白色玉米面作为饲料，蛋黄就偏白。

建议

（1）使用黄色的玉米。

（2）饲料中添加一些绿叶蔬菜、胡萝卜、万寿菊花类。

此外，需要在饲料中添加豆粕等蛋白质，否则，影响鸡的生长和产蛋。

七

畜

牧

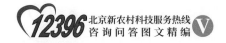

04 四川省通江县李先生问：鸡舍发酵床怎么准备？

北京市农林科学院畜牧兽医研究所　副研究员　张剑答：

以制作 30m² 养鸡发酵床为例，制作方法如下。

（1）准备好原料。发酵床菌液 60kg，70%~80% 的惰性物质（锯末、稻壳、花生壳、粉碎秸秆、玉米芯等不容易腐烂的物质），20%~30% 的营养物质（麦麸、稻糠、玉米粉之类的有营养的物质），水若干，刚开始少放些，湿度不够再加，做到 40%~50% 的湿度就可以。

（2）把发酵床菌液一半均匀混合到准备的水中，另一半菌液和准备的营养物质混合，湿度 50% 左右。

（3）把惰性物质（锯末等物质）和混有菌液营养物质（麦麸等）混合到一起，同时，用稀释过的发酵床菌液喷洒，湿度控制为 45% 左右（用手握一下垫料，手缝有水渗出，但不会滴下为宜）。

（4）最后把混合好的垫料均匀铺入鸡舍中，垫料厚度应达到 30cm 左右。

四川省通江县李先生问：鸡瘟有特效药吗？

北京市农林科学院畜牧兽医研究所　助理兽医师　赵际成答：

鸡瘟属于病毒性传染病，凡是病毒性的传染病都只能靠疫苗来预防。病毒性疾病没有针对的药物，很多市面上的药物都是针对症状治疗，但是没有什么效果。建议还是做好鸡场的免疫消毒工作。

七

畜

牧

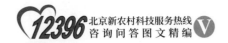
06 四川省通江县李先生问：需要为鸡调理肠胃吗？

北京市农林科学院畜牧兽医研究所　助理兽医师　赵际成答：

正常情况下的鸡是不需要投药调理肠胃的。动物的消化道有自己的正常菌群和正常的酸碱度，长期的投药有可能会破坏正常的菌群数量和正常的酸碱度，反而会影响鸡的健康。另外，是药三分毒，药物代谢主要是在肝肾。长期的投药，势必会增加肝肾负担，并损害鸡的健康。所以，在非疾病的情况下，不建议给鸡投药。

07 北京市延庆区网友"蔬菜种植蓝精灵"问：鸡吃鸡蛋可以矫治吗？

北京市农林科学院畜牧兽医研究所　副研究员　张剑答：

鸡啄蛋是由于饲料中维生素 A 和维生素 D 或矿物质缺乏引起，主要发生于冬季或早春，偶尔也有因为窝内打破了蛋而引起啄食。预防的方法主要是改善饲料品质，注意喂给贝壳粉和青饲料，并使鸡得到足够的阳光，同时，注意勤捡鸡蛋。

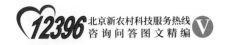

08 河南省网友"河南农民"问：如何预防让鸡少得病，用绿色饲料添加剂可以吗？

北京市农林科学院畜牧兽医研究所　助理兽医师　赵际成答：
预防鸡少得病措施如下。

（1）要制定一个科学合理的免疫程序。免疫程序要根据自己的养殖方式和实际情况来制定，散养、集约化养殖和零星养殖的免疫情况是有区别的，不能照搬别人的免疫程序。通常情况下，免疫程序制定好以后，还要有一个调整的过程，直到能达到最佳免疫效果为止。制定好免疫程序以后，要选择自己使用的疫苗，疫苗选择好，就应该保持稳定，频繁的更换不同厂家的疫苗，容易造成免疫失败。

（2）有了好的免疫程序，还要抓好平时的消毒隔离工作。严格的消毒制度，可以降低致病源感染的机会。春防秋防和平时的驱虫工作也很重要，尤其是地面散养方式，要把驱虫作为防疫的重点工作来做。

（3）在没有疫情发生的情况下，不要在饲料中添加任何预防疾病的药物，是药三分毒，药物大多是经肝肾代谢，长期投药，不但会造成致病菌的耐药性，还会增加肝肾负担，反而不利于鸡的健康。

（4）至于绿色饲料添加剂，要看是属于什么成分，其作用是提高免疫力的还是增重的。一般来讲，宣扬在非疾病状态下的提高免疫力是不可信的，健康是最好的免疫力，任何违背自然健康的行为，都不可能提高免疫力。而促增重的药物基本都是激素类或含有激素成分，这一类药物会干扰疫苗的免疫效果，而且长期使用会造成残留，有害健康，不建议使用。

09 湖北省网友"无忧湾"问：养鸭要预防鸭的哪些病？

北京市农林科学院畜牧兽医研究所　助理兽医师　赵际成答：

养鸭过程中，鸭瘟、鸭肝炎、坦布苏病都是鸭子重点预防的疾病，水禽的大肠杆菌病也很常见，农户养鸭的寄生虫病也时常能见到。

像鸭瘟、鸭肝炎这一类传染病可以靠疫苗预防，而大肠杆菌病是条件疾病。

要做好环境清洁，定期消毒，勤换垫料。冬季注意保温，防风防潮。散养鸭、尤其是在自然河流里放养的要定期驱虫。

具体免疫预防的问题要咨询当地兽医部门，不同的地区疫情不同，防控重点也有区别。

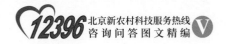

北京市密云区张先生问：池塘里有水绵，怎么去除？

北京市农林科学院水产科学研究所　高级工程师　徐绍刚答：

　　池塘里的水绵多可能是池塘上一年没有养鱼或者是新的池塘，是由于水瘦引起的。可以将池塘水放干，暴晒几日后用高浓度的氯制剂在水绵集中的地方泼洒，可以去除大部分的水绵，同时，可以在池塘加水后在池塘四角堆积少量发酵后的鸡粪，将池塘水质增肥，这样可以抑制水绵的生长，从而控制水绵的大量繁殖。

02 湖南省某同志问：大棚养黄鳝怎样建养殖池？

北京市农林科学院水产科学研究所　高级工程师　徐绍刚答：

现在大棚养殖黄鳝，无论是开放式养殖还是循环水式养殖，池子的建造方法都差不多。

养殖池一般用砖垒成 20cm 厚，面积为 10~20m^2，宽度为 1~2m，高度为 40cm 左右的池子，每个池子建 1 个进水口，一般与池底等高即可，建出水口 2 个，1 个与池底等高，1 个高出池底 5~10cm，在进、出水口处加金属网即可，一般 500m^2 左右为 1 个单元，这样有利于管理。

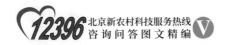
03 湖北省某同志问：养好池塘青虾有哪些要求？

北京市农林科学院水产科学研究所　高级工程师　徐绍刚答：

青虾的养殖产量不高，一般亩产 50~100kg。

青虾养殖的条件比较苛刻，具体要求如下。

（1）池塘规格在 3~8 亩，水深 1.5~2m。

（2）要求池底没有淤泥。

（3）青虾是高耗氧动物，要求水质清新，溶氧高。

（4）青虾养殖需要在池塘内种植 30% 左右的水草，以防蜕皮时受到攻击。

（5）夏季水温高时要经常换水甚至微流水。

（6）为方便青虾在池塘内爬行，最好在池塘内还要设置网片。

（7）青虾养殖日常管理也比较烦琐，需要定期仔细观察，稍有疏忽可能全军覆没。

青虾养殖时间较短，一般放养 1cm 左右规格的虾苗，如果条件合适 2 个月左右即可长至 4~6cm 的销售规格，南方地区每年可以养 2 季，北方地区只能养 1 季。

04 河北省石家庄市某先生问：春季池塘水产养殖如何调控？

北京市农林科学院水产科学研究所　高级工程师　徐绍刚答：

春季池塘一般浮游生物少，水质清瘦，易发生青苔与纤毛虫，因此，春季要做到合理施肥，使有益的浮游植物种类成为优势种群，使水质尽快达到肥活嫩爽的要求。

春季水温较低，浮游植物及硝化细菌的数量尚未大量繁殖，水体自净能力较差，水体中的亚硝酸盐、氨氮、有机物含量高，水体 pH 值变化快，水质较差，而使春季水霉病、细菌病等病害易发。因此，定期用生石灰泼洒池塘消毒，调节水体 pH 值，同时，人工泼洒微生态制剂，使有益菌尽快成为优势菌群尤为重要。

适时增氧，充足的溶氧可促使有机物与有害物质的转化，改善池塘水质，减少病害发生。

八

水

产

05 河南省某女士问：龙虾塘何时可以喂食？虾苗小要喂些什么饲料？

北京市农林科学院水产科学研究所　高级工程师　徐绍刚答：

小龙虾最适合的摄食温度为 20~32℃，一般情况下 10℃以上即可以摄食，因此，用户可以测量下水池的水温，达到 10℃以上小龙虾就能摄食，可以喂食了。

关于投喂饲料，小龙虾在幼苗时期以摄食轮虫、枝角类、桡足类等小型水生动物为主，因此，可以在养殖池四角堆积熟化后的有机肥，来培养小型水生动物，但是需要时间较长，也可以去市场买小型水生动物的卵泼洒入池塘，这样 24 小时水生动物即可达一定的数量，能满足小龙虾幼苗的摄食需求了。